Untersuchung des Anlageverhaltens von Privatinvestoren in Zeiten der Corona-Pandemie

DAVID POHL

Veröffentlicht am 22.10.2020

© David Pohl, Wolfenbüttel 2020

Alle Rechte vorbehalten.

Inhaltsverzeichnis

INHALTSVERZEICHNIS I

ABBILDUNGSVERZEICHNIS III

TABELLENVERZEICHNIS V

1. EINLEITUNG 1

2. CORONAVIRUS 4

    2.1. SARS-CoV-2 4

    2.2. Eindämmungsmaßnahmen 7

    2.3. Wirtschaftliche Auswirkungen 12

3. SPAR- UND ANLAGEVERHALTEN 19

4. PROSPECT THEORY 22

5. MASLOWSCHE BEDÜRFNISPYRAMIDE 27

6. FELDTHEORIE NACH LEWIN 32

7. STIMMUNGSBILD AN DEN FINANZMÄRKTEN 37

8. ERHEBUNGSMETHODE 46

    8.1. Forschungsfrage und Hypothesen 46

    8.2. Methodik – Fragebogen 48

        8.2.1. Demographische Daten 50

        8.2.2. Spar-/Investitionsverhalten vor und während der Pandemie 57

        8.2.3. Risikoaversion bei Geldangelegenheiten 63

    8.3. Datenerhebung 70

8.4.	Reflexion der Methode		72
9.	**Studie und Auswertung mit Ergebnissen**		**76**
9.1.	Validierung		76
9.2.	Reliabilität		81
9.3.	Repräsentativität		85
9.4.	Ergebnisse		87
	9.4.1.	Häufigkeiten	87
	9.4.2.	Zusammenhangsanalysen	128
	9.4.3.	Überprüfung der Hypothesen	141
9.5.	Diskussion		142
9.6.	Handlungsempfehlungen		150
	9.6.1.	Forschung	150
	9.6.2.	Finanzdienstleistungen	153
	9.6.3.	Politik	156
	9.6.4.	Nachtrag: Aktuelle Entwicklung	159
10.	**Fazit**		**170**
Anhang			**174**
Literaturverzeichnis			**187**

Abbildungsverzeichnis

ABBILDUNG 2.1 COVID-19 SYMPTOME 6

ABBILDUNG 2.2 „FLATTEN THE CURVE" 8

ABBILDUNG 2.3 ENTWICKLUNG DER REPRODUKTIONSZAHL R IM ZEITLICHEN VERLAUF 11

ABBILDUNG 2.4 ENTWICKLUNG EINKAUFSMANAGERINDEX (EMI) 15

ABBILDUNG 2.5 ENTWICKLUNG DER KONSUMBEREITSCHAFT IM ZEITLICHEN VERLAUF 16

ABBILDUNG 2.6 SPAR- UND KONSUMQUOTE IM ZEITLICHEN VERLAUF 17

ABBILDUNG 3.1 DIE AM HÄUFIGSTEN GENUTZTEN FINANZPRODUKTE 20

ABBILDUNG 4.1 WERTEFUNKTION DER PROSPECT THEORY 24

ABBILDUNG 5.1 MASLOWSCHE BEDÜRFNISPYRAMIDE 27

ABBILDUNG 5.2 DYNAMISCHE BEDÜRFNISHIERARCHIE NACH MASLOW 30

ABBILDUNG 6.1 FELDTHEORIE NACH LEWIN 33

ABBILDUNG 7.1 S&P500 KURSENTWICKLUNG 39

ABBILDUNG 7.2 S&P500 CHARTVERLAUF 2020 40

ABBILDUNG 7.3 GEGENÜBERSTELLUNG VERSCHIEDENER INDIZES 42

ABBILDUNG 8.1 MAGISCHES DREIECK DER VERMÖGENSANLAGE 65

ABBILDUNG 9.1 EINKOMMENSVERTEILUNG 94

ABBILDUNG 9.2 ANTEILE GENUTZTER FINANZPRODUKTE 96

ABBILDUNG 9.3 ERSTMALIG WÄHREND DER CORONA-PANDEMIE GENUTZTE / GEKAUFTE FINANZPRODUKTE 99

ABBILDUNG 9.4 VERSTÄRKT WÄHREND DER CORONA-PANDEMIE GENUTZTE / GEKAUFTE FINANZPRODUKTE 103

ABBILDUNG 9.5 SPARZIELE ÜBERSICHT 105

ABBILDUNG 9.6 HÄUFIGKEITSVERTEILUNG RISIKOBEREITSCHAFT GELDANLAGEN 123

ABBILDUNG 9.7 ZUSAMMENHANGSANALYSE GENUTZTE FINANZPRODUKTE / RISIKOEINSCHÄTZUNG 130

ABBILDUNG 9.8 VERGLEICH DES GRAPHENVERLAUFS RISIKOANTEIL GESAMTVERMÖGEN / RISKANTE PRODUKTE 136

ABBILDUNG 9.9 VERGLEICH DES GRAPHENVERLAUFS MARKTSCHWANKUNG / RISKANTE PRODUKTE 137

ABBILDUNG 9.10 PROSPECT THEORIE OHNE BERÜCKSICHTIGUNG DES KOEFFIZIENTEN Λ 145

ABBILDUNG 9.11 NACHTRAG CHART-ENTWICKLUNG DES S&P500 165

Tabellenverzeichnis

TABELLE 7.1 DURCHSCHNITTSRENDITEN IM S&P500 43

TABELLE 8.1 FRAGE 16 – KATEGORISIERUNG DER ITEMS 66

TABELLE 9.1 KORRELATIONEN DER ITEMS MIT DEM ITEM RISIKOBEREITSCHAFT GELDANLAGEN 76

TABELLE 9.2 KORRELATIONEN DER ITEMS RISIKOANTEIL, SICHERHEITSANTEIL UND MARKTSCHWANKUNG 80

TABELLE 9.3 RELIABILITÄTSANALYSE „RISIKOAVERSION" 82

TABELLE 9.4 RELIABILITÄTSANALYSE „RISIKOFREUDE" 84

TABELLE 9.5 ALTERSVERTEILUNG UMFRAGE 89

TABELLE 9.6 HÄUFIGKEITEN SCHULABSCHLUSS 90

TABELLE 9.7 FREITEXTEINGABEN „ANDERER BILDUNGSABSCHLUSS" 91

TABELLE 9.8 HÄUFIGKEITEN PERSONEN IM HAUSHALT 92

TABELLE 9.9 FREITEXTANGABEN „ANDERE" BEI GENUTZTEN FINANZPRODUKTEN 97

TABELLE 9.10 ERSTMALIG WÄHREND CORONA-PANDEMIE GENUTZT / GEKAUFT (FREITEXTANGABEN) 100

TABELLE 9.12 HÄUFIGKEITEN SPARBETRAG 106

TABELLE 9.13 HÄUFIGKEITSVERTEILUNG DES ITEMS „BÖRSENCRASH - RISIKO" 108

TABELLE 9.14 HÄUFIGKEITSVERTEILUNG DES ITEMS „BÖRSENCRASH – CHANCE" 109

TABELLE 9.15 HÄUFIGKEITSVERTEILUNG DES ITEMS „ÜBERDURCHSCHNITTLICHE RENDITE" 110

TABELLE 9.16 HÄUFIGKEITSVERTEILUNG DES ITEMS „GELDANLAGE – SICHERHEIT" 111

TABELLE 9.17 HÄUFIGKEITSVERTEILUNG DES ITEMS „BÖRSE – CORONA - RISIKO" 112

TABELLE 9.18 HÄUFIGKEITSVERTEILUNG DES ITEMS „BÖRSE – CORONA - CHANCE" 113

TABELLE 9.19 HÄUFIGKEITSVERTEILUNG DES ITEMS „GELDANLAGEN - LIQUIDITÄT" 114

TABELLE 9.20 HÄUFIGKEITSVERTEILUNG DES ITEMS „WERTSCHWANKUNG - UNRUHE" 115

TABELLE 9.21 HÄUFIGKEITSVERTEILUNG DES ITEMS „WERTSCHWANKUNG - GELASSENHEIT" 116

TABELLE 9.22 HÄUFIGKEITSVERTEILUNG DES ITEMS „INVESTIERTES KAPITAL" 117

TABELLE 9.23 HÄUFIGKEITSVERTEILUNG DES ITEMS „FINANZMÄRKTE - KOMPLEXITÄT" 118

TABELLE 9.23 HÄUFIGKEITSVERTEILUNG DES ITEMS „FINANZMÄRKTE - FACHWISSEN" 119

TABELLE 9.24 HÄUFIGKEITSVERTEILUNG DES ITEMS „FINANZIELLE RISIKEN - NERVENKITZEL" 120

TABELLE 9.24 HÄUFIGKEITSVERTEILUNG DES ITEMS „FINANZIELLE RISIKEN - UNWOHLSEIN".. 121

TABELLE 9.25 HÄUFIGKEITSVERTEILUNG RISIKOBEREITSCHAFT BEI GELDANLAGEN.. 123

TABELLE 9.26 HÄUFIGKEITSVERTEILUNG RISIKOANTEIL - GESAMTVERMÖGEN 125

TABELLE 9.27 HÄUFIGKEITSVERTEILUNG RISIKOFREIER ANTEIL – GESAMTVERMÖGEN.. 126

TABELLE 9.28 HÄUFIGKEITSVERTEILUNG RISIKOFREIER ANTEIL – GESAMTVERMÖGEN.. 127

TABELLE 9.29 CHI-QUADRAT-TEST PRODUKTE / RISIKO............................ 131

TABELLE 9.30 ZUSAMMENHANGSANALYSE RISIKOEINSCHÄTZUNG / FINANZPRODUKTE ERSTMALIG... 132

TABELLE 9.31 ZUSAMMENHANGSANALYSE RISIKOEINSCHÄTZUNG / FINANZPRODUKTE VERSTÄRKT... 133

TABELLE 9.32 CHI-QUADRAT-TEST RISIKOEINSCHÄTZUNG / FINANZPRODUKTE VERSTÄRKT 134

TABELLE 9.33 ZUSAMMENHANG RISIKOEINSCHÄTZUNG / AKZEPTIERTE MARKTSCHWANKUNG.. 138

TABELLE 9.34 ANOVA TEST SPARQUOTE / RISKANTE PRODUKTE 139

1. Einleitung

„Kaufen Sie Aktien, nehmen Sie Schlaftabletten, und schauen Sie die Papiere nicht mehr an.

Nach vielen Jahren werden Sie sehen: Sie sind reich."

André Kostolany

Ist es wirklich so einfach? Aktien kaufen, liegen lassen und nach Jahren von den Gewinnen profitieren? Neben André Kostolany gibt es auch noch andere Investoren, die durch langfristige Investments an den Finanzmärkten ein Vermögen erwirtschaften konnten. Zu ihnen zählt auch die Investment-Legende Warren Buffett, der ebenfalls davon abrät, eine Aktie auch nur 10 Minuten zu besitzen, sofern man nicht bereit ist, diese Aktie auch für die nächsten 10 Jahre zu halten (Cunningham und Buffett 2013, o.S.).

Diese Ratschläge beziehen sich allerdings auf Investoren, die bereits den Beschluss gefasst haben, in Wertpapiere zu investieren. Bevor sich jedoch die Frage nach der optimalen Haltedauer, einer profitablen Anlagestrategie o.ä. stellt, sollte zunächst die Frage beantwortet werden, wie sich Privatinvestoren grundsätzlich beim Thema Sparen bzw. Investieren verhalten.

Sind private Investoren grundsätzlich an Wertpapieren bzw. Finanzmarktprodukten interessiert oder werden diese bewusst gemieden? Trotz eines sehr starken Börsenjahres und weiterhin langanhaltend niedriger Zinsen bei risikolosen Geldanlagen ist die Zahl der Aktionäre in Deutschland im Jahr 2019 gesunken (Dr. Fey und Di Dio 2020).

Und wenn die Zahl der Aktionäre 2019 bereits gesunken ist, ergibt sich die interessante Fragestellung, in wie weit sich die Anlegerzahlen in Zeiten der weltweiten Corona-Pandemie verändert haben.

Auf Grund der rapiden Ausbreitung des Corona-Virus entstehen wirtschaftliche Risiken nicht nur auf nationaler Ebene, sondern wirken gleichzeitig global auf die Weltwirtschaft. Das damit im Zusammenhang stehende Risiko einer weltweit eintretenden Rezession kann derzeit noch nicht ausgeschlossen werden (Dr. Schmucker 2020). Die allgemein unsichere Situation könnte sich daher ebenfalls auf das Anlageverhalten von privaten Anlegern auswirken.

Bisherige Studien belegen, dass die Neigung, weitere Anlageformen ins eigene Anlage-Portfolio aufzunehmen, mit steigender Risikoaversion sinkt. Für die Anleger stehen insbesondere Sicherheit und Liquidität im Fokus (Stephan et al. 2008). Dies belegt eine vom Deutschen Institut für Wirtschaftsforschung im Jahr 2008 durchgeführte Studie, die inmitten der weltweiten Finanzkrise durchgeführt wurde.

Zwar gibt es zwischen der Finanzkrise im Hinblick auf die Entwicklungen an den Börsen einige Parallelen zur aktuellen

Corona-Situation, doch die Umstände sind insgesamt wenig vergleichbar und in ihrer jetzigen Form neu und einzigartig (Deutsche Welle 2020).

Die vorliegende Forschungsarbeit, die als Master-Thesis eingereicht wurde, untersucht das Verhalten von privaten Investoren in Zeiten der Corona-Pandemie und versucht Aufschluss darüber zu geben, welche Produkte private Investoren in dieser Zeit bevorzugen, verstärkt in Anspruch nehmen bzw. kaufen und welche Produkte von den privaten Anlegern sogar gemieden werden.

Der Fokus im Rahmen dieser Thesis liegt in der Risikowahrnehmung der Anleger im Hinblick auf die Finanzmärkte und versucht differenzierte Einblicke in das Spar- und Investitionsverhalten von privaten Anlegern und Investoren zu gewähren.

2. Coronavirus

Die in den Kapiteln 2-5 beschriebenen Inhalte bilden die theoretischen Grundlagen für die in den Kapiteln 8 und 9 beschriebene und durchgeführte empirische Untersuchung.

2.1. SARS-CoV-2

Das Landesbüro der World Health Organisation in China erlangte am 31.12.2019 Kenntnis über ein vermehrtes Auftreten von Patienten, die in der chinesischen Stadt Wuhan an einer Pneumonie erkrankt waren. Die Ursache für die Pneumonie-Erkrankungen galten zu dem Zeitpunkt noch als unbekannt (Robert-Koch-Institut 2020a).

Die chinesischen Gesundheitsbehörden bestätigten am 09.01.2020 die vorliegenden Informationen und begründeten die Häufung der Pneumonie-Fälle in Wuhan mit dem Auftreten eines neuartigen Coronavirus (Robert-Koch-Institut 2020a).

Nach aktuellen Erkenntnissen (04/2020) bildet die Fledermaus den Ursprung des Virus. Untersuchungen des Erbguts des Virus haben einen hohen Verwandtschaftsgrad zu zwei bereits bekannten SARS-Viren aufgezeigt, deren Auftreten ebenfalls bei Fledermäusen nachgewiesen werden konnte (Robert-Koch-Institut 2020a).

Das Coronavirus - umgangssprachlich Corona genannt - ist die Bezeichnung für die Erkrankung COVID-19, die durch eine

Infektion mit dem SARS-CoV-2 Virus verursacht wird (Robert-Koch-Institut 2020a).

Die Symptome der Erkrankung können variieren. Es konnte jedoch ein Spektrum von Symptomen ermittelt werden, welches häufig im Falle einer Erkrankung beobachtet werden konnte.

In 80% der Fälle liegt ein Erkrankungsverlauf vor, der keinen Krankenhausaufenthalt erfordert. Bei ca. 20% der Erkrankungsfälle kommt es zu schweren Krankheitsverläufen, die zu Atemnot führen können und stationär behandelt werden müssen. Insbesondere ältere Patienten und Patienten/innen mit Vorerkrankungen wie beispielsweise Diabetes, Krebs oder Lungenerkrankungen haben ein erhöhtes Risiko für einen schweren Krankheitsverlauf (WHO 2020b).

Die Darstellung der häufigsten Symptome im Zusammenhang mit COVID-19 ist in Abbildung 2.1 dargestellt.

Abbildung 2.1 COVID-19 Symptome

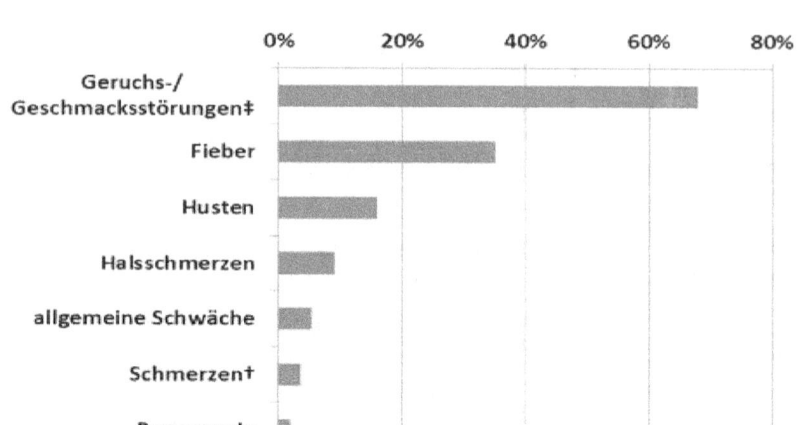

Quelle: Screenshot www.rki.de (Robert-Koch-Institut 2020.000Z)

Die Inkubationszeit bis zum Ausbruch der Erkrankung beträgt im Median 5-6 Tage. Das bisher untersuchte Spektrum der Inkubationszeiten umfasst allerdings Inkubationszeiträume von einem Tag bis zu 14 Tagen (Robert-Koch-Institut 2020).

Die Übertragung des Virus erfolgt im Wesentlichen durch eine Tröpfcheninfektion. Allerdings konnten in drei aktuellen Studien ebenfalls Viren in Aerosolen nachgewiesen werden, wie beispielsweise in der Luft, die von Patienten lediglich ausgeatmet wurde (Robert-Koch-Institut 2020).

Der Unterschied zwischen einer Tröpfcheninfektion und einer Infektion über Aerosole besteht in der Größe der Partikel. Sind die

Partikel größer als 5μm, werden sie als Tröpfchen bezeichnet, sind sie kleiner als 5μm gilt die Bezeichnung Aerosol (Avoxa – Mediengruppe Deutscher Apotheker GmbH 2020).

Die Sterblichkeitsrate (Letalität) fällt bislang verhältnismäßig gering aus. Zum Stand 29.04.2020 sind weltweit bei insgesamt 2.954.222 bekannten COVID-19 Erkrankungen 202.597 Todesfälle zu verzeichnen. Das entspricht einer Sterblichkeitsrate von 6,858% (WHO 2020a).

Dadurch, dass es sich um ein neuartiges Virus handelt und ein Immunitätsschutz in der breiten Bevölkerung nicht vorhanden ist (Herdenimmunität), kann sich das Virus schnell ausbreiten. Außerdem besteht nach aktueller Schätzung ein präsymptomatisches Übertragungsrisiko. Es ist demnach möglich, dass ein Träger des Virus bereits zwei Tage vor dem Ausbruch von etwaigen Erkrankungssymptomen infektiös sein kann. Auf Grund der hohen Ausbreitungsgeschwindigkeit durch die gegebenen Faktoren könnte eine Infektionswelle zu einer Überlastung des Gesundheitssystems führen (BZgA 2020).

2.2. Eindämmungsmaßnahmen

Um präventiv gegen eine Überlastung des Gesundheitsystems durch das SARS-CoV-2 Virus vorzugehen, wurden zahlreiche Maßnahme ergriffen, die eine schnelle Ausbreitung des Virus verhindern sollen. Hierbei wurde der Ausdruck „Flatten The Curve" geprägt. Dieser Ausdruck geht ursprünglich auf den amerikanischen Mediziner und Medizinhistoriker Dr. Howard

Markel zurück. „Flatten The Curve" beschreibt eine Methode, bei der es gezielt um die Verlangsamung der Anzahl an Neuinfektionen geht. Durch die Verlangsamung verringert sich die Anzahl an Gesamtinfektionen zu einem bestimmten Zeitpunkt. Zwar wird der Zeitraum der Erkrankungswelle dadurch gedehnt, jedoch reichen die verfügbaren medizinischen Kapazitäten aus, um einen Kollaps des Gesundheitssystems zu verhindern (CORDIS 2020).

Abbildung 2.2. zeigt eine modellbasierte Darstellung des Effekts der zeitlichen Dehnung einer Erkrankungswelle.

Abbildung 2.2 „Flatten The Curve"

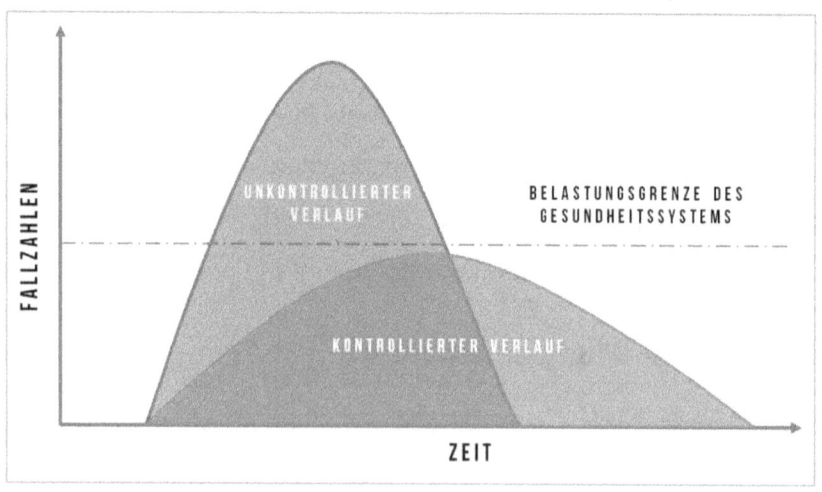

Quelle: Eigene Darstellung

Durch die hohe Ausbreitungsgeschwindigkeit des SARS-CoV-2 Virus wurden im März 2020 zusammen von der Bundeskanzlerin

Angela Merkel und den Regierungsverantwortlichen der einzelnen Bundesländer u.a. folgende Beschlüsse unter der Bezeichnung „Kontaktverbot" gefasst. (Presse- und Informationsamt der Bundesregierung 2020):

- Der Kontakt zu Menschen außerhalb des eigenen Haushalts soll vermieden beziehungsweise auf ein notwendiges Minimum reduziert werden.
- Im öffentlichen Raum soll ein Mindestabstand zu anderen Personen von mindestens 1,50m eingehalten werden
- Das Feiern in Gruppen im öffentlichen Raum sowie in Wohnungen ist untersagt.
- Der Aufenthalt außerhalb des eigenen Haushalts ist nur mit Personen gestattet, die im eigenen Hausstand leben oder nur zusammen mit einer Person, die nicht im eigenen Hausstand lebt.

Neben den Beschränkungen für Privatpersonen wurden auch zahlreiche Beschränkungen für Betriebe und Unternehmen erlassen. Dazu zählt, dass Gastronomiebetriebe vorerst geschlossen werden. Davon ausgenommen sind Gastronomiebetriebe, die eine Lieferung oder eine Mitnahme der bestellten Speisen ermöglichen (Presse- und Informationsamt der Bundesregierung 2020).

Dienstleistungsbetriebe, die eine körperliche Nähe erfordern, werden ebenfalls vorerst geschlossen. Hierzu zählen Friseure, Kosmetikstudios, Massagepraxen und viele weitere ähnliche

Betriebe (Presse- und Informationsamt der Bundesregierung 2020).

Auch Bars, Discotheken, Kinos, Freizeitparks und Sportbetriebe sind von den Maßnahmen betroffen und werden vorerst geschlossen (Presse- und Informationsamt der Bundesregierung 2020).

Der Einzelhandel ist ebenfalls von den Maßnahmen betroffen. Es gibt zwar eine Liste von Ausnahmen, insbesondere von Betrieben des Einzelhandels, die Waren und Produkte des täglichen Bedarfs anbieten, wie beispielsweise Getränke oder Lebensmittel, Drogerien und einige weitere. Jedoch müssen Geschäfte, die nicht zu den Ausnahmen gehören, wie z.B. Bekleidungsgeschäfte, ebenfalls vorerst geschlossen werden. Die Beschränkungen sollten eine Gültigkeit von mindestens 14 Tagen haben (Presse- und Informationsamt der Bundesregierung 2020).

Die Wirkung der Maßnahmen kann über die sogenannte Reproduktionszahl R und die Anzahl der Neuinfektionen pro Tag ermittelt werden. Die Reproduktionszahl zeigt im Rahmen einer statistischen Schätzung die Anzahl der Personen an, die von einer mit dem SARS-CoV-2 Virus infizierten Person im Durchschnitt neu angesteckt werden. Während die Reproduktionszahl vor dem Einleiten der zahlreichen Beschränkungen in Deutschland deutlich über 3 lag, sank sie innerhalb von kürzester Zeit unter den Wert 1 und bestätigt damit die Wirksamkeit der genannten Maßnahmen (Dr. an der Heiden und Dr. Hamouda 2020).

Abbildung 2.3 zeigt ein Diagramm im Zeitraum von Anfang März 2020 bis Anfang April 2020, welches die zeitliche Entwicklung der Reproduktionszahl R darstellt.

Abbildung 2.3 Entwicklung der Reproduktionszahl R im zeitlichen Verlauf

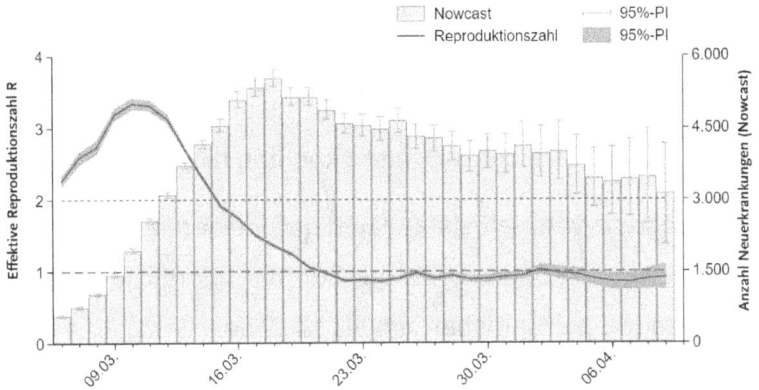

Quelle: Screenshot (Dr. an der Heiden und Dr. Hamouda 2020)

Um einen erneuten exponentiellen Anstieg der Neuerkrankungen zu vermeiden bzw. zu verhindern, ist es laut dem Robert Koch Institut erforderlich, die Reproduktionszahl R <= 1 zu halten. Ein Wert der Reproduktionszahl R <= 1 verhindert gleichzeitig die Überlastung des Gesundheitssystems (Dr. an der Heiden und Dr. Hamouda 2020).

Aus medizinischer Sicht ist die Fortführung von Kontaktbeschränkungen unerlässlich. Allerdings fordern einige Wirtschaftspolitiker schnelle Lockerungsmaßnahmen, da sich die Beschränkungen massiv auf die Wirtschaft auswirken (Tagesschau.de 2020d).

2.3. Wirtschaftliche Auswirkungen

Die zahlreichen Einschränkungen wirken sich nicht nur auf das Leben von Privatpersonen aus. Die weit reichenden Maßnahmen bleiben auch für die Wirtschaft nicht folgenlos. Der in vielen Wirtschaftsbereichen eingeleitete Shutdown stellt zahlreiche Betriebe vor große Herausforderungen. Laut einer Umfrage des Bundesverbands mittelständische Wirtschaft (BVMW) gaben von 1812 befragten Betrieben 51% an, dass sie weitere vier Wochen Shutdown finanziell nicht verkraften könnten (BVMW 2020).

Um die Existenz von Selbstständigen und kleineren Unternehmen zu sichern, haben Bund und Länder Corona-Soforthilfen zugesagt. Diese betragen bei Betrieben mit bis zu 5 Beschäftigten einmalig 9.000€ für 3 Monate und bei bis zu 10 Beschäftigten einmalig 15.000€ für 3 Monate (Bundesregierung 2020d).

76% der betroffenen Unternehmen sehen diese Soforthilfen allerdings als nicht ausreichend an (BVMW 2020).

Es sind jedoch nicht nur kleine Betriebe des Mittelstands von der Corona-Pandemie betroffen. Auch in der Industrie sind die Auswirkungen erkennbar. Ein hierfür oft angewandter Indikator zur Bestimmung der wirtschaftlichen Entwicklung ist der Einkaufsmanager-Index (EMI). Dieser zeigt die Entwicklung von Auftragseingängen, die Bestandsentwicklung von Fertigwaren, die Entwicklung von Ein- und Verkaufspreisen und auch die Anzahl von bestellten Mengen. Darüber hinaus liefert der EMI Aussagen zu Produktionsleistungen, Beschäftigungszahlen und eine Prognose in Form eines Jahresausblicks (BME Verband 2019).

Der Wert des Index kann die Werte von 0-100 annehmen. Ein Wert über 50 signalisiert eine Verbesserung der wirtschaftlichen Lage im Verhältnis zum Vormonat. Ein Wert unterhalb von 50 signalisiert eine Verschlechterung der wirtschaftlichen Lage im Verhältnis zum Vormonat und ein Wert von exakt 50 ist gleichbedeutend mit einer unveränderten Situation zum Vormonat.

Durch die Beobachtung der monatlichen Veränderungen des EMI lässt sich die wirtschaftliche Entwicklung und damit auch die voraussichtliche Auswirkung auf das Bruttoinlandsprodukt prognostizieren (BME Verband 2020).

Abbildung 2.4 stellt die Entwicklung des EMI in den letzten 12 Monaten dar. Dabei wird deutlich, dass in den letzten 12 Monaten kein Wert über der 50er-Marke lag. Zwar ist im Zeitraum von Oktober 2019 bis Januar 2020 eine Erholung zu verzeichnen, die im Februar jedoch abrubt endete. Im April 2020 erreichte der EMI seinen tiefsten Stand seit 133 Monaten. Diese Zahl resultiert nicht nur aus den Beschränkungen im Dienstleistungssektor, sondern auch aus den Verlusten von neuen Aufträgen für den Export. Darüber hinaus ist ein Beschäftigungsrückgang zu verzeichnen, der sich u.a. in der Industrie immer weiter ausdehnt. Dieser resultiert insbesondere aus dem Zusammenspiel von Kündigungen, dem Auslaufen von befristeten Arbeitsverträgen, regulären Entlassungen und der natürlichen Fluktuation.

Allerdings konnten gleichzeitig durch die Beantragung von Kurzarbeit viele Entlassungen verhindert werden (IHS Markit 2020).

Dennoch ist ein starker Anstieg der Arbeitslosenquote erkennbar. Diese lag für den Monat April 2020 bei 5,8% und notiert somit um 0,9% höher als im April des Vorjahres. Im Vergleich zum März 2020 ist die Arbeitslosenquote um 0,7% gestiegen. Zwar ist der Anstieg nicht ausschließlich auf die Corona-Pandemie zurückzuführen, allerdings wird der Anteil der Arbeitslosenquote, der ursächlich auf die Corona-Pandemie zurückzuführen ist (Corona-Effekt), auf 0,8% geschätzt (Bundesagentur für Arbeit 2020, S. 18)

Abbildung 2.4 Entwicklung Einkaufsmanagerindex (EMI)

Quelle: Screenshot von Statista.de nach markiteconomics.com

Die Brisanz der aktuellen wirtschaftlichen Lage wird auch an den derzeit aktuellen Zahlen zur Kurzarbeit erkennbar. Während sich im Monat Februar 2020 nur 41.000 Personen in Kurzarbeit befanden, stieg die Zahl für die Monate März und April zusammen auf 10.140.000 Personen an (Bundesagentur für Arbeit 2020, S. 10).

Die präsente Veränderungsdynamik in der Wirtschaft führt nach einer Statista-Umfrage dazu, dass sich 38% der Befragten um Ihre finanzielle Situation sorgen und 22% sogar um ihre Arbeitsplatzsicherheit fürchten (Statista 2020b).

Die Sorge um finanzielle Einbußen führt gleichzeitig zu einem veränderten Konsumverhalten. Nach aktuellem Stand des Konsumbarometers des Handelsverbands Deutschland ist die Konsumbereitschaft erneut gesunken und erreichte in der Prognose für den Monat Mai den tiefsten Stand (Dr. Jung et al. 2020, S. 12).

Abbildung 2.5 Entwicklung der Konsumbereitschaft im zeitlichen Verlauf

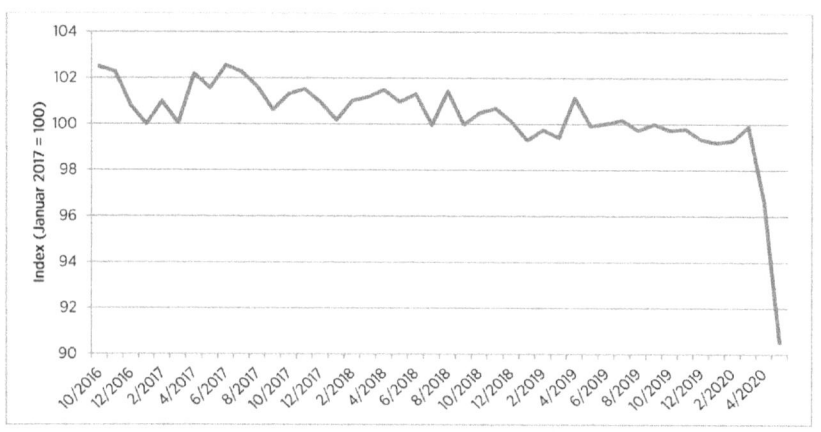

Quelle: Screenshot HDE-Konsumbarometer (Dr. Jung et al. 2020, S. 10)

Der in Abbildung 2.5 dargestellte Graph zeigt die Entwicklung der Konsumbereitschaft im zeitlichen Verlauf. Die Werte zeigen allerdings nicht den aktuellen Stand auf, sondern sind eine Prognose auf Basis zukunftsorientierter Fragen. Der für den Monat April dargestellte Verlauf prognostiziert damit das Konsumverhalten der Verbraucher für die nächsten drei Monate (Dr. Jung et al. 2020, S. 12).

Durch den sinkenden Konsum lässt sich gleichzeitig feststellen, dass die Sparquote der privaten Haushalte steigt. Sie liegt derzeit bei 12,5% des zur Verfügung stehenden Einkommens. Das entspricht dem höchsten Stand seit 1992 (DZ Bank 2020, S. 5).

Abbildung 2.6 zeigt die Entwicklung der Sparquote der privaten Haushalte im zeitlichen Verlauf. Dabei steht die linke Achse für den Anteil der Sparquote in Prozent zum zur Verfügung stehenden Einkommen.

Abbildung 2.6 Spar- und Konsumquote im zeitlichen Verlauf

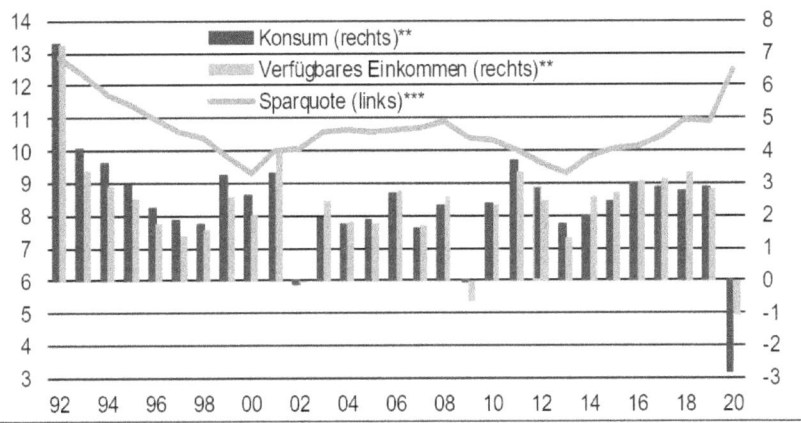

*Private Haushalte einschließlich Organisationen ohne Erwerbszweck **nominaler Zuwachs in % gg. Vorjahr ***Ersparnis in Prozent des verfügbaren Einkommens
Quellen: Statistisches Bundesamt, 2020 Prognose DZ BANK

Quelle: Screenshot (DZ Bank 2020, S. 5)

Da sich die Sparquote durch die Corona-Pandemie verändert hat, stellt sich gleichzeitig die Frage, ob das Sparverhalten per se, also die Auswahl der Finanzprodukte, mit denen das Geld gespart oder investiert wird, ebenfalls vom bekannten Sparverhalten abweicht.

3. Spar- und Anlageverhalten

Die BaFin (Bundesanstalt für Finanzdienstleistungsaufsicht) führte durch die Gesellschaft OmniQuest eine Erhebung zum Sparen der Verbraucher in der Niedrigzinsphase durch. Die Erhebung der Daten erfolgte im November und Dezember 2019 (Dr. Röstel und Hoi 2020) und bildet damit einen validen Referenzwert für die durchzuführende Befragung der vorliegenden Master-Thesis.

Neben den präferierten Geldanlagemöglichkeiten wurden die Befragten im Rahmen der Erhebung nach den persönlichen Sparzielen gefragt. 60% der Befragten gaben an, dass sie sparen, um sich Wünsche zu erfüllen. Hierzu gehören Konsumausgaben für einen Urlaub, neue Möbel oder die Anschaffung von Wohneigentum. 54% der Befragten sparen, um im Notfall über eine finanzielle Reserve zu verfügen und 44% der Befragten sparen für die Altersvorsorge (Dr. Röstel und Hoi 2020, S. 5).

Für 49% der Befragten sind sowohl die Renditechance als auch die Sicherheit der Geldanlage wichtig. 47% der Befragten gaben an, dass die Sicherheit beim Sparen der wesentliche Entscheidungsfaktor ist und sie dafür auch eine geringere Renditemöglichkeit in Kauf nehmen (Dr. Röstel und Hoi 2020, S. 6).

Bei der Auswahl der Finanzprodukte, die zum Sparen bzw. Investieren genutzt werden, zeigt sich deutlich, dass risikoarme Geldanlagemöglichkeiten präferiert werden. Abbildung 3.1 zeigt die am häufigsten genutzten Finanzprodukte.

Abbildung 3.1 Die am häufigsten genutzten Finanzprodukte

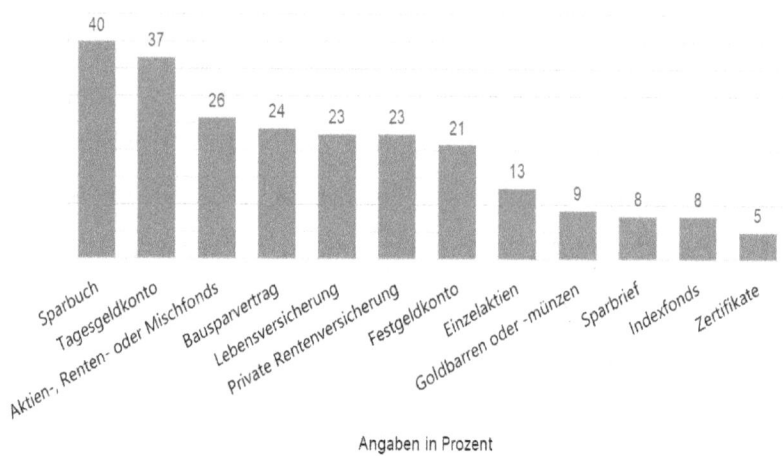

Angaben in Prozent

Quelle: Screenshot (Dr. Röstel und Hoi 2020, S. 7)

Abbildung 3.1 zeigt deutlich, dass klassische Finanzprodukte, die eine hohe Sicherheit gewährleisten, bevorzugt werden. So nutzen 40% der Befragten das Sparbuch für Kapitalrücklagen und 37% der Befragten das Tagesgeldkonto. Lediglich 26% der Befragten nutzen Fonds als Kapitalanlage. Bei Aktien sind es sogar nur 13% der Befragten (Dr. Röstel und Hoi 2020, S. 7).

41% der Befragten gaben sogar an, dass sie gelegentlich größere Geldsummen auf dem Girokonto belassen. Insgesamt haben 74% der Befragten nicht in Aktien-, Renten- oder Mischfonds investiert. Der am häufigsten angegebene Grund ist mit 35% ein Mangel an Wissen über diese Produkte, dicht gefolgt von dem Argument, dass diese Anlageform zu unsicher sei, welches von 31% der Befragten angeführt wurde (Dr. Röstel und Hoi 2020, S. 8).

All diese Aspekte bilden interessante Referenzpunkte für die durchzuführende Befragung im Zuge der vorliegenden Forschungsarbeit. Dadurch, dass die Erhebungszeiträume der BaFin-Studie und der Studie dieser Forschungsarbeit dicht beieinander liegen, wären eventuelle Abweichungen und Anomalien eindeutiger auf den besonderen Zeitraum innerhalb der Corona-Pandemie zurückzuführen. Sofern sich ein Einfluss der Corona-Situation auf das Anlage- und Sparverhalten von privaten Investoren feststellen lassen kann, können diese im Anschluss mit der zu Grunde gelegten Studie der BaFin verglichen werden.

4. Prospect Theory

Wie aus dem in Kapitel 2.4 beschriebenem Anlageverhalten erkennbar wird, neigen Menschen dazu, finanzielle Risiken grundsätzlich zu meiden. Eine der führenden Theorien auf diesem Gebiet ist die Prospect Theory von Kahnemann und Tversky aus dem Jahr 1979. Sie zeigt, wie Menschen Gewinne und Verluste gewichten und somit wie diese wahrgenommen werden. Mit den Informationen aus der Prospect Theorie lässt sich begründen, warum Menschen bei finanziellen Entscheidungen zu risikoaversem Verhalten neigen.

Die Prospect Theory ist ein Modell, welches mit Hilfe einer Wertefunktion die Visualisierung einer Entscheidung bei Unsicherheit ermöglicht. Dabei verhält sich das Resultat der getroffenen Entscheidung nicht absolut, sondern relativ zum jeweiligen Ausgangspunkt der entscheidenden Person (Moser 2007, S. 326). Das bedeutet, dass der individuelle Ausgangspunkt einer Person den jeweiligen Referenzpunt innerhalb der Funktion bildet.

Ein Beispiel für die relative Betrachtung des Ausgangspunkts wäre der Kontostand. Jemand, der über einen Kontostand in Höhe von 2 Mio. Euro verfügt, würde einen Gewinn von 10 Euro mit ziemlicher Sicherheit anders gewichten, als jemand, der über einen Kontostand von 100 Euro verfügt. Analog verhält es sich auch mit Verlusten. Ein möglicher Verlust von 10 Euro bei einem Kontostand von 100 Euro würde vermutlich von einer Person anders gewichtet werden, als der Verlust von 10 Euro bei einem Kontostand von 2 Mio. Euro. Genau dies wird bei der Betrachtung der Wertefunktion der Prospect Theory deutlich. Da der Nullpunkt der Funktion den individuellen Referenzpunkt darstellt, lässt sich die Funktion generisch auf Entscheidungssituationen unter Risiko anwenden.

Der Verlauf der Funktion wird in Abbildung 4.1 dargestellt. Ausgehend vom Nullpunkt fällt bei der Betrachtung der Wertefunktion auf, dass die Kurve im Verlustbereich konvex und im Bereich der Gewinne konkav verläuft. Die Ursache des Verlaufs hängt mit der Wahrnehmung des Menschen zusammen. Explizit ist der Verlauf auf die physiologische Wahrnehmung von Reizen zurückzuführen. Es fällt Menschen leichter, den Unterschied zwischen 3° und 6° Celsius festzustellen, als einen Temperaturunterschied zwischen 16° und 19° Celsius. Dieses Wahrnehmungsschema lässt sich ebenfalls auf finanzielle Aspekte übertragen, die damit auch den Verlauf des Graphen erklären können (Kahneman und Tversky 1979, S. 278).

Unabhängig von Währung oder Einheit, wird bei finanziellen Angelegenheiten ein Anstieg des Wertes von 100 auf 200 stärker und größer wahrgenommen als ein Anstieg von 1100 auf 1200. Das Wahrnehmungsmuster verhält sich bei Verlusten analog zu dem des Gewinnfalls, bei dem ein steigender Verlust, beispielsweise vom Wert 100 auf den Wert 200 stärker wahrgenommen wird, als ein steigender Verlust vom Wert 1100 auf 1200 (Kahneman und Tversky 1979, S. 278).

Abbildung 4.1 Wertefunktion der Prospect Theory

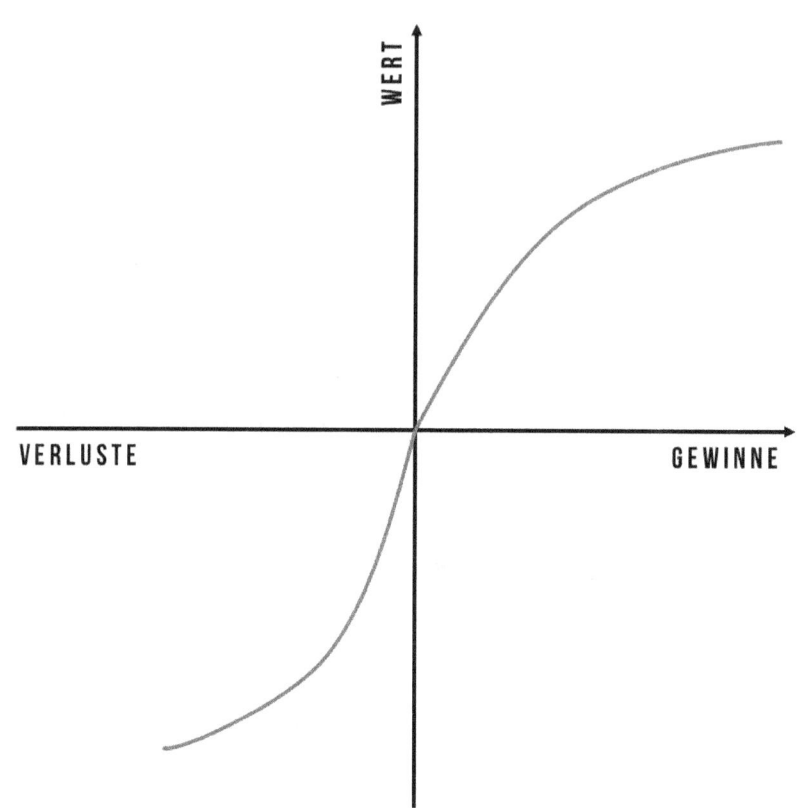

Quelle: Eigene Darstellung nach (Kahneman und Tversky 1979, S. 279)

Darüber hinaus lässt sich bei der Betrachtung der Wertefunktion der Prospect Theorie feststellen, dass sich die Funktion im Verlauf im positiven und negativen Bereich unterscheidet. Im Verlustbereich ist der Verlauf der Kurve wesentlich steiler als im Gewinnbereich. Dieses Phänomen wurde von Kahnemann und

Tversky in verschiedenen Studien untersucht und in einer späteren Publikation wurde der Verlauf der Wertefunktion mathematisch wie folgt spezifiziert (Tversky und Kahnemann 1992, S. 309):

$$v(x) = \begin{cases} x^\alpha \text{ wenn } x \geq 0 \\ -\lambda(-x)^\beta \text{ wenn } x < 0. \end{cases}$$

Die Exponenten in der Formel α und β sind innerhalb der Funktion die Koeffizienten und stehen für die Risikoaversion bzw. die Risikofreudigkeit. In Untersuchungen lag der Median für diese Werte bei 0,88. Der weitere Koeffizient λ steht für die Verlustaversion. In empirischen Untersuchungen lag der Median für λ bei 2,25 (Tversky und Kahnemann 1992, S. 311). Aus den Werten der Koeffizienten resultiert der besondere Verlauf der Funktion. Durch die Multiplikation der negativen Werte mit dem Koeffizienten λ ergeben sich automatisch niedrigere negative Werte, als die Vergleichswerte im positiven Verlauf.

Vereinfacht formuliert zeigen die Untersuchungen von Tversky und Kahnemann, dass Verluste ungefähr doppelt so stark gewichtet werden wie etwaige Gewinne. Daraus ergibt sich der steilere Verlauf der Funktion im Verlustbereich.

Wenn also Menschen eher dazu tendieren Risiken auf Grund der starken Gewichtung von Verlusten zu vermeiden, stellt sich weiterhin die Frage, ob es Einflussfaktoren gibt, die dieses Verhalten begünstigen oder ob Motivatoren existieren, die einen Effekt auf das Verhalten haben können.

Ein möglicher Einflussfaktor könnten die besonderen Umweltbedingungen innerhalb der Corona-Pandemie darstellen. Dies soll im Rahmen der vorliegenden Forschungsarbeit untersucht und bestätigt werden.

5. Maslowsche Bedürfnispyramide

Um das Verhaltensschema aus Kapitel 2.5 besser nachvollziehen zu können, bietet die Maslowsche Bedürfnispyramide eine vereinfachte visuelle Darstellung von menschlichen Bedürfnissen.

Die Bedürfnispyramide ist ein weit verbreitetes Modell in der Motivationstheorie und geht auf Abraham Maslow zurück, einen amerikanischen Psychologen, der sich intensiv mit der Motivationsforschung beschäftigte (Krüger 2012, S. 331).

Die vereinfachte Darstellung der Bedürfnishierarchien in Abbildung 5.1 und Abbildung 5.2 hilft in gewisser Weise, das aufgezeigte Verhalten unter Risiko besser nachvollziehen zu können. Um aus dem Modell etwaige Rückschlüsse ziehen zu können, soll jedoch zuerst beschrieben werden, wie sich das Modell erklärt.

Die weit verbreitete Dreiecksform der Bedürfnishierarchien (Bedürfnispyramide) entspricht hierbei lediglich einer modellhaften Darstellung. Maslow selbst spricht lediglich von Hierarchien und referenziert dabei nicht auf eine Dreicks- oder Pyramidenform.

Abbildung 5.1 Maslowsche Bedürfnispyramide

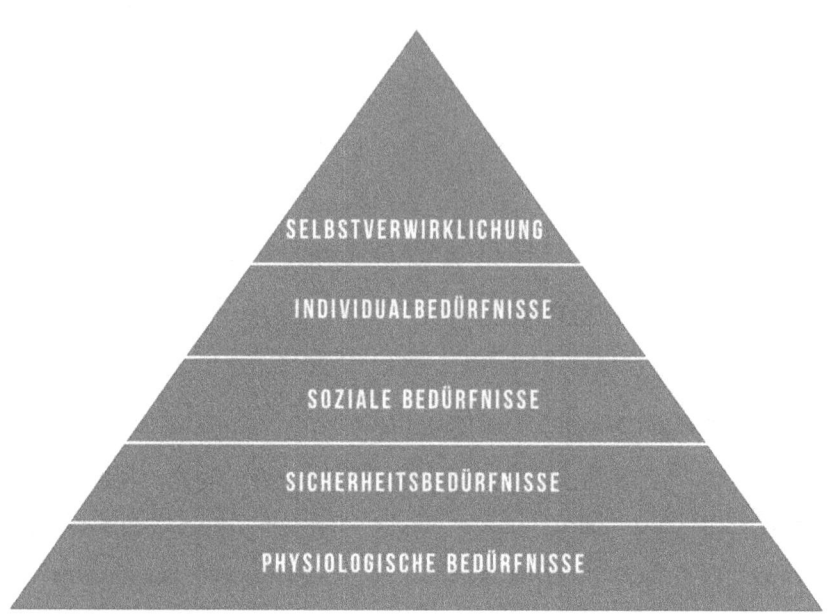

Quelle: Eigene Darstellung nach (Maslow 1954, S. 35–58)

Maslow gruppierte die unterschiedlichen Bedürfnisse der Menschen in einzelne Cluster und stellte diese anschließend hierarchisch in einer Rangfolge dar. Die einzelnen Ebenen der in Abbildung 5.1 dargestellten Bedürfnispyramide stellen die einzelnen Bedürfniskategorien dar.

So trivial dieses Verfahren auch scheint, sorgt es weiterhin für zahlreiche Diskussionen. Die in der Literatur weit verbreitete Ansicht, dass die Bedürfnisse einer Hierarchieebene der Bedürfnispyramide zwingend vollständig befriedigt sein müssen, bevor die nächste Bedürfnisebene entsteht bzw. fokussiert wird, beruht vermutlich auf einer Fehlinterpretation des Originalwerks durch verschiedene Autoren. Maslow schreibt diesbezüglich in seinen Werken lediglich, dass, sofern alle Bedürfnisse der anderen Hierarchieebenen unbefriedigt sind, sich die physiologischen Bedürfnisse dominierend darstellen (Maslow 1954, S. 37).

So zeigt sich beispielsweise, dass der Wunsch nach Selbstverwirklichung, der an der Spitze der Pyramide steht, nicht automatisch verschwindet, wenn Bedürfnisse der unteren Hierarchieebenen nicht erfüllt sind. Diese Bedürfnisse werden lediglich zurückgestellt, bis die Bedürfnisse der unteren Hierarchieebenen befriedigt sind. Sind die Bedürfnisse der unteren Hierarchieebenen zwischenzeitlich nicht befriedigt, werden sie zu dominierenden Bedürfnissen, deren Befriedigung durch das menschliche Individuum priorisiert wird (Maslow 1954, S. 46f). Daraus ergibt sich, dass die Hierarchie in der Betrachtungsweise dynamisch und individuell zu betrachten ist und nicht als starre Rangfolge, die zwingend eingehalten werden muss.

Maslow veranschaulicht ebenfalls, dass sobald ein Bedürfnis befriedigt ist, ein neues Bedürfnis in Erscheinung tritt. Das ganze menschliche Leben ist dadurch gekennzeichnet, dass das menschliche Individuum stetig danach strebt, neu entstehende Bedürfnisse zu befriedigen (Maslow 1954, S. 24).

Die Originalfassung von Maslow zeigt damit einen dynamisch ergänzenden Verlauf der Bedürfnisse. Zwar können Bedürfnisse unterschiedlicher Hierarchieebenen dominierend sein und je nach

Hierarchieebene als wichtiger empfunden werden, ein konkreter Ausschluss von Bedürfnissen der nächsthöheren Hierarchieebene findet jedoch nicht statt (Maslow 1954, S. 37f, S. 52, S. 59, S. 97f).

Die in Abbildung 5.2 dargestellte Bedürfnishierarchie zeigt die dynamische Darstellung der einzelnen Bedürfnisse auf. Durch die Phasenverschiebung in der gewählten Darstellung wird erkennbar, dass sich die Hierarchieebenen nicht zwangsläufig ausschließen, sondern eine fließende Dominanz der jeweiligen Bedürfnisse zu verzeichnen ist.

Abbildung 5.2 Dynamische Bedürfnishierarchie nach Maslow

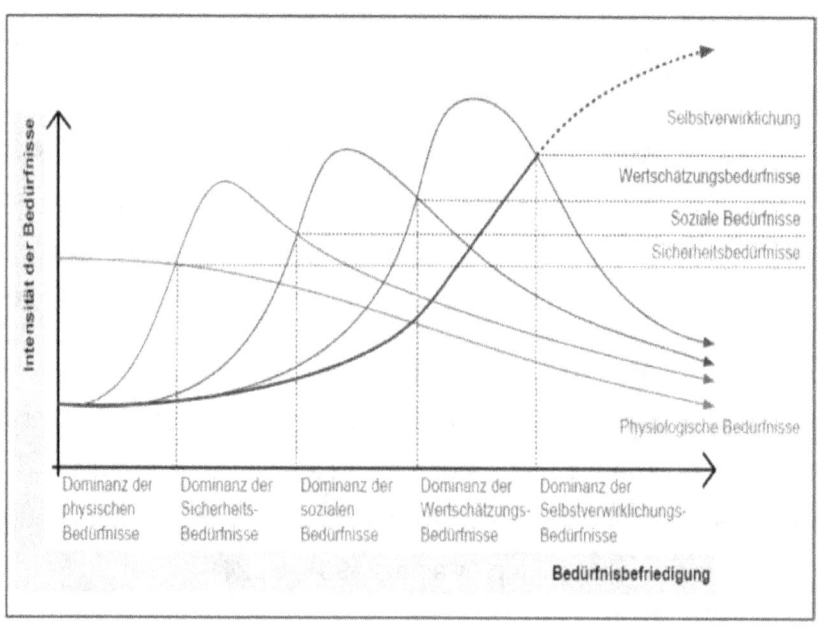

Quelle: Screenshot (Krüger 2012, S. 332) nach (Wunderer und Dick 2003, S. 121)

Werden die wirtschaftlichen Auswirkungen der Corona-Pandemie (Kurzarbeit, drohende Arbeitslosigkeit, finanzielle Unsicherheit usw.) im Kontext der Bedürfnishierarchie nach Maslow betrachtet, wird deutlich, dass Bedürfnisse auf der Ebene der Sicherheitsbedürfnisse, zu der auch die finanzielle Sicherheit gehört, durch die bestehenden und die drohenden Auswirkungen unbefriedigt sein könnten. Dies würde jedoch prinzipiell nicht ausschließen, dass Bedürfnisse der höheren Bedürfniskategorien plötzlich verschwinden, sondern in dem betrachteten Zeitraum eventuell zurückgestellt werden.

Es gilt nun zu untersuchen, wie eine etwaige Verhaltensveränderung in Bezug auf das Anlageverhalten von Privatanlegern in Zeiten der Corona-Pandemie in das bestehende maslowsche Schema eingeordnet werden kann. Je nach dem, welche Ergebnisse aus der Untersuchung resultieren, lassen sich diese unter Berücksichtigung der Bedürfnishierarchien besser nachvollziehen.

6. Feldtheorie nach Lewin

Basierend auf Frage, welche finanziellen Entscheidungen private Investoren in Zeiten der Corona-Pandemie treffen, ist die Bedürfnishierarchie nach Maslow nicht das einzige Modell, welches weitere Aufschlüsse über das Verhalten aufzeigen kann. Eine weitere Möglichkeit, sich dieser Thematik anzunähern ist die Betrachtung von Kurt Lewins Feldtheorie.

Lewin betrachtete die Situation eines menschlichen Individuums als ein Feld von Einflüssen, die zu jeder Zeit auf den Menschen einwirken. Dieses Feld spiegelt die aktuelle Gesamtsituation eines Menschen wider. Die Einflüsse können sowohl physikalischer Natur sein, als auch aus rein subjektiv wahrgenommenen Gegebenheiten bestehen (Rank 1997, S. 14). Dieser Zusatz der subjektiv wahrgenommenen Gegebenheiten ist wichtig, da er individuelle Abweichungen von tatsächlich messbaren Umweltvariablen relativiert und damit die konkrete Ausgangslage des Individuums darstellt. Als Beispiel kann hier die Temperaturwahrnehmung angeführt werden. Eine Durchschnitttemperatur von 25° Celsius im Sommerurlaub wird im Durchschnitt vermutlich von den meisten Urlaubern als angenehm empfunden werden. Allerdings wird es mit hoher Wahrscheinlichkeit Individuen geben, die diese Durchschnittstemperatur als zu hoch oder zu niedrig empfinden und wahrnehmen werden. Diese Individuellen Wahrnehmungen werden innerhalb der Feldtheorie berücksichtigt.

Abbildung 6.1 Feldtheorie nach Lewin

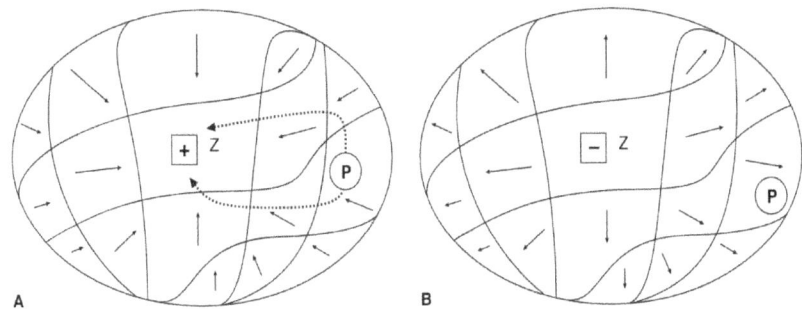

Quelle: Screenshot (Müsseler und Rieger 2017, S. 227)

Abbildung 6.1 zeigt eine schematische Darstellung von Lewins Feldtheorie. Die Feldtheorie bildet ein Modell zur Darstellung der Kräfteverhältnisse, die die Erreichung eines bestimmten Ziels entweder begünstigen oder behindern. Aus diesem Grund werden innerhalb der Feldtheorie primär zwei Szenarien unterschieden. Im Teilabschnitt A wirken positive Feldkräfte auf das menschliche Individuum (P), im Teilabschnitt B wirken negative Feldkräfte auf P. In beiden Teilbildern steht „Z" für das individuell zu erreichende Ziel. Die gestrichelte Linie stellt mögliche Handlungsoptionen dar, die zur Zielerreichung führen können (Müsseler und Rieger 2017, S. 227). Das impliziert bereits, dass es nicht nur eine Möglichkeit gibt, ein bestimmtes Ziel zu erreichen. Durch die sich verändernden Umweltbedingungen können verschiedene „Pfade" zur Erreichung des Ziels beschritten werden.

Ob hierbei die jeweiligen Kräfte dafür sorgen, dass das menschliche Individuum zum Ziel hingezogen wird oder davon abgestoßen wird, ist abhängig von der sogenannten Valenz. Die Valenz ist die persönliche Wertigkeit des jeweiligen Ziels (Dorsch - Lexikon der Psychologie 2020). Sie kann sowohl positiv als auch negativ ausgeprägt sein und entspricht nach Lewin einem Spannungszustand zwischen der gewünschten Bedürfnisbefriedigung des Individuums und der Wertigkeit des individuellen Ziels. Dieser Spannungszustand löst sich erst auf, wenn das Ziel befriedigt wurde. In den Fällen, in denen das Ziel nicht erreicht wird, bleibt der Spannungszustand erhalten. Sofern jedoch kein Zustand der Entspannung erreicht werden kann, ist es ebenfalls möglich, dass sich ein ähnliches Ziel entwickelt, welches zum Spannungsabbau führen kann und damit eine Entspannung ermöglicht (Müsseler und Rieger 2017, S. 227).

In Bezug auf das Anlageverhalten von Privatinvestoren führt Lewins Feldtheorie einen relevanten Aspekt heran – Die Ambivalenz von Zielen. Bei ambivalenten Zielen besteht ein Konflikt zwischen dem Begehren nach der Zielbefriedigung und der Furcht vor den Gefahren und Risiken, die mit dem Erreichen des Ziels einhergehen (Müsseler und Rieger 2017, S. 228).

Als verdeutlichendes Beispiel führen Müsseler und Rieger eine Entenfütterung heran. Wird eine Ente von einem Menschen gefüttert, nähert sie sich dem Menschen bis zu einem bestimmten Punkt an. An dem Punkt, an dem die Ente stehen bleibt, ist die anziehende Kraft, das Futter zu erreichen, genauso stark ausgeprägt wie die abstoßende Kraft, die aus der Bedrohung durch den Menschen selbst hervorgeht. Damit die Ente ihr Ziel, zum Futter zu gelangen, erreichen kann, muss entweder die anziehende Kraft verstärkt oder die abstoßende Kraft reduziert werden. So könnte im Beispiel der Entenfütterung entweder die Menge des Futters erhöht werden (größerer Anreiz) oder der Mensch könnte seinen Abstand zum Futter vergrößern (Gefahr reduzieren) (Müsseler und Rieger 2017, S. 228).

Die Ambivalenz der Ziele, die an dieser Stelle zu Zielkonflikten führt, lässt sich auf das Anlageverhalten von Privatinvestoren übertragen.

In der Studie der BaFin gaben 47% der Befragten an, dass sie die Sicherheit bei Geldanlagen präferieren, auch wenn dies mit einer geringeren Rendite einhergeht (Dr. Röstel und Hoi 2020, S. 6).

Übertragen auf die Feldtheorie würde sich das Verhalten wie folgt darstellen lassen:

- Die Sicherheit ist das Ziel mit positiven Feldkräften
- Das Risiko ist das Ziel mit den abstoßenden Feldkräften, obwohl mit diesem Ziel eine höhere Rendite zu erwarten ist

Ist der Anreiz allerdings groß genug, sodass eine positive Valenz entsteht, würde sich erneut ein Spannungsfeld ausbilden, welches zu einer positiven Feldstärke führen kann. Die abstoßenden Feldkräfte könnten damit überwunden werden.

Bezogen auf die aktuelle Börsensituation soll überprüft werden, ob die gegenwärtige Situation an den Finanzmärkten einen besonderen Anreiz darstellt, der groß genug ist, um die abstoßenden Feldkräfte zu überwinden. Wäre das der Fall, wäre anzunehmen, dass Finanzmarktprodukte präferiert als Geldanlagemöglichkeit genutzt bzw. gekauft werden.

7. Stimmungsbild an den Finanzmärkten

Um festzustellen, ob der Anreiz an den Finanzmärkten zu investieren eine positive Valenz erzeugen kann, ist es zunächst erforderlich, die Entwicklung an den Finanzmärkten seit Beginn der Corona-Pandemie zu betrachten und zu bewerten.

Für die Beurteilung, ob die aktuelle Situation bzw. die Situation an den Finanzmärkten in der Zeit von Januar bis April 2020 von Privatinvestoren als ein Anreiz verstanden werden kann, werden die vorliegenden Daten auf rationaler Basis zusammengetragen.

Die faktenbasierte Darstellung soll so neutral wie möglich dargestellt werden, weshalb an dieser Stelle bewusst von der Anwendung möglicher Analysetechniken, Markttheorien, Extrapolationen usw. Abstand genommen wird. Die Begründung beruht auf der Tatsache, dass jede Strategie einen Interpretationsspielraum durch den Anwender zulässt, weshalb die tatsächlich vorliegenden Informationen einen subjektiven Charakter erhalten könnten. Dies soll durch die beschriebene Betrachtung der aktuellen Situation vermieden werden.

Zu Betrachtung der Entwicklung an den Finanzmärkten wird die Kursentwicklung des S&P500 herangezogen. Der S&P500 (Standard & Poor's 500 Index) umfasst 500 amerikanische Aktien und bietet damit eine bereitere Betrachtungsmöglichkeit zur Analyse, als beispielsweise der DAX, in dem lediglich die führenden 30 Unternehmen abgebildet werden.

Der S&P500 setzt sich aus 400 Aktien der Industrie, 40 Aktien der Versorgungsbranche, 40 Aktien der Finanzbranche und 20 Aktien der Transportbranche zusammen. Der Index ist gewichtet, sodass ca. 25% der Unternehmen den größten Anteil im Index ausmachen. Dabei ist die Gewichtung des Index abhängig von der Marktkapitalisierung der jeweiligen Unternehmen (Dr. Heldt, Cordula - Gabler Wirtschaftslexikon 2018).

Die Wertentwicklung des S&P500 und damit die Betrachtung einer Vielzahl von Unternehmen bildet damit einen verwertbaren Querschnitt über verschiedene Sektoren ab. Um die aktuelle Situation im Gesamtkontext besser bewerten zu können, empfiehlt sich zuerst ein Gesamtüberblick über die Kursentwicklung im historischen Zeitverlauf.

Abbildung 7.1 zeigt den Kursverlauf des S&P500 seit der Einführung des Index. Der Vollständigkeit halber sei an dieser Stelle angemerkt, dass der S&P500, so wie er in der heutigen Form existiert, erst 1957 eingeführt wurde. Die abgebildeten Kurse der Jahre davor beziehen sich auf den ursprünglich 1923 eingeführten Index, der aus 233 verschiedenen Unternehmen bestand (Valetkevitch 2013).

Die Betrachtung der Charts erfolgt auf Basis der reinen Preisentwicklung im Zeitkontext. Die möglichen Ursachen für Kursanstiege und Kursverluste abseits des zeitlichen Kontextes und etwaiger Krisen sind für die vorliegende Ausarbeitung unerheblich und werden daher bewusst außer Acht gelassen.

Abbildung 7.1 S&P500 Kursentwicklung

Quelle: Screenshot (Yahoo! Finance 2020)

Wie in Abbildung 7.1 zu sehen, ist seit den 80er Jahren ein nahezu exponentieller Kursanstieg zu verzeichnen. Dieser konnte sich bis ins Jahr 2000 durchsetzen. Im Jahr 2000 folgte dann allerdings das Platzen der so genannten „Dotcom-Blase". Durch den Einzug der Technisierung veränderte sich das Bild an den Finanzmärkten. Durch die hohen Unternehmensbewertungen der IT-Unternehmen sind auch gleichermaßen die Gewinnerwartungen der Anleger gestiegen, die dafür sorgten, dass die Kurse rapide anstiegen. Wie bei allen Spekulationsblasen führten die überhöhten Unternehmensbewertungen letztlich zum Platzen der Blase (Glebe 2012, S. 104f). Nach dem Platzen der „Dotcom-Blase" hat der S&P500 fast 50% an Wert verloren, bis sich der Kurs zwischen 2002 und 2003 stabilisieren konnte. Nach der Stabilisierung der Kurse im Jahr 2003 konnten gleichzeitig erneut starke Kursanstiege verzeichnet werden.

Auch die erneuten Anstiege verliefen rasant und erreichten 2007 ihren lokalen Hochpunkt. Danach folgte die Weltwirtschaftskrise, ausgelöst durch die Subprime-Krise (Bauert 2014, S. 8ff). Der S&P500 verlor bis zum Jahr 2009 erneut ca. 50% an Wert. Seit 2009 stiegen die Kurse mit zwischenzeitlich stärkeren und schwächeren Korrekturen auf den bisherigen Höchststand im Februar 2020 von 3385 Punkten.

Nach dem 10. Februar begann allerdings erneut eine stärkere Korrektur um mehr als 30%. Die Angst vor den Auswirkungen einer Corona-Pandemie hat am 24. Februar die Märkte erreicht (Tagesschau.de 2020c). Die im Februar beginnende Korrektur erreichte zwischenzeitlich so ein starkes Momentum, dass am 09. März der Handel an der Wall Street kurzzeitig für 15 Minuten ausgesetzt werden musste (Tagesschau.de 2020b). Seit dem 23. März ist eine Erholung der Kurse zu verzeichnen.

Abbildung 7.2 S&P500 Chartverlauf 2020

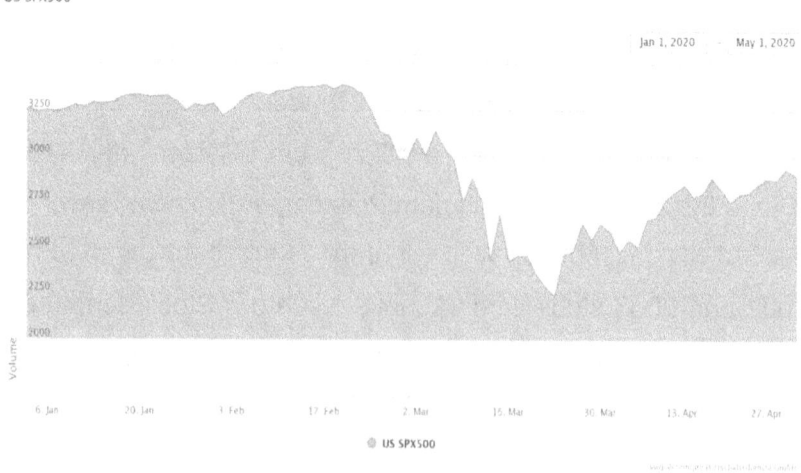

Quelle: Chartexport Degiro Handelsplattform (Infront Financial Technology GmbH 2020)

Aus den Abbildungen 7.1 und 7.2 werden die Auswirkungen der Corona-Pandemie auf die Finanzmärkte deutlich.

An dieser Stelle sei angemerkt, dass der Verlauf des S&P500 im Zusammenhang mit der Corona-Pandemie keine typische Besonderheit des entsprechenden Index darstellt. Alle weltweit im Fokus stehenden Indizes zeigen im Jahr 2020 einen ähnlichen Verlauf. Abbildung 7.3 zeigt zur Verdeutlichung die Gegenüberstellung verschiedener Indizes.

Durch den ähnlichen Kursverlauf in den verschiedenen Indizes erfolgt die weitere Betrachtung der Situation daher weiterhin auf Basis des S&P500. Einzelne kleinere Abweichungen in dem dargestellten Zeitraum vom 01. Januar bis zum 01. Mai 2020 zwischen den einzelnen Indizes haben im Kontext der vorliegenden Ausarbeitung keinen besonderen Einfluss auf das betrachtete Gesamtbild und können deshalb vernachlässigt werden.

Die graphische Darstellung der historischen Wertentwicklung des S&P500 in Abbildung 7.1 liefert bereits erste Rückschlüsse auf eine mögliche weitere Entwicklung der Kursverläufe im langfristigen Anlagehorizont. Wesentlich interessanter ist jedoch die Betrachtung der tatsächlichen Performance, die im langfristigen Anlagehorizont erreicht werden konnte.

Abbildung 7.3 Gegenüberstellung verschiedener Indizes

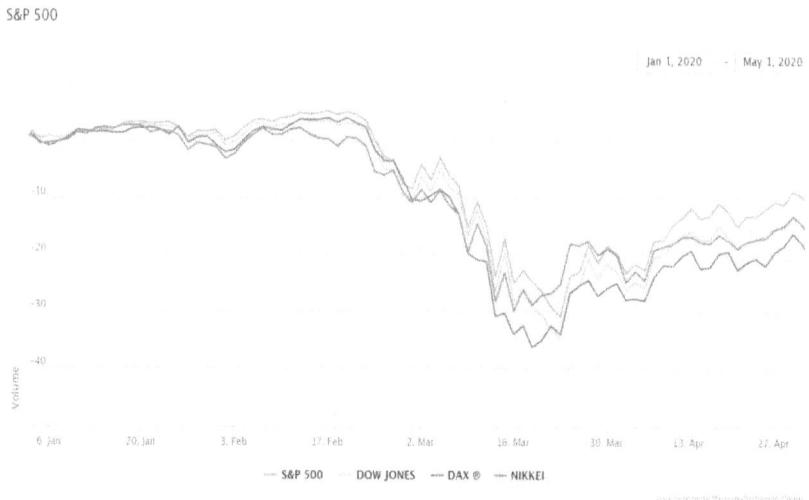

Quelle: Chartexport Degiro Handelsplattform (Infront Financial Technology GmbH 2020)

Für die Darstellung der durchschnittlichen Performance wurden die historischen Daten des S&P500 von Yahoo Finance abgerufen. In dem betrachteten Zeitraum von 1930 – 2020 gab es eine Vielzahl von Krisen. Hierzu zählen Kriege, Konflikte und Finanzkrisen gleichermaßen. Allein im Zeitraum zwischen 1970 und 2007 können auf nationaler Ebene insgesamt 514 Krisen gezählt werden, darunter auch Bankenkrisen, Währungs- und Staatsverschuldungskrisen (Bundeszentrale für politische Bildung 2012).

Die Corona-Pandemie stellt gewiss eine komplett neue Situation dar, die nur schwer vergleichbar mit bisherigen Krisen ist. Allerdings stellten verschiedene Krisen der Vergangenheit zum

Zeitpunkt ihres Auftretens ebenfalls neuartige kritische Situationen dar, die im Laufe der Zeit bewältigt und überwunden werden konnten.

Trotz der zahlreichen Ereignisse der Vergangenheit, die ebenfalls eine erhebliche wirtschaftliche Tragweite besaßen, konnten im S&P500 in der historischen Betrachtung hohe Durchschnittsrenditen erwirtschaftet werden.

Die Darstellung der Durchschnittsrenditen für unterschiedliche Zeiträume erfolgt in Tabelle 7.1

Tabelle 7.1 Durchschnittsrenditen im S&P500

Zeitraum jeweils	ø Rendite p.a.
01.01.1930 – 01.01.2020	7,73%
01.01.1970 – 01.01.2020	8,28%
01.01.1990 – 01.01.2020	9,41%
01.01.2000 – 01.01.2020	6,14%
01.01.2010 – 01.01.2020	13,69%

Quelle: Eigene Aufbereitung und Darstellung anhand historischer Daten aus Yahoo Finance

Aus Tabelle 7.1 geht hervor, dass die Durchschnittsrendite über einen Zeithorizont von 90 Jahren trotz sämtlicher Krisen 7,73% p.a. beträgt. Selbst im Zeitraum von 2000 – 2020, in dem viele schwerwiegende Krisen nahezu aneinander anknüpften, lag die durchschnittliche Jahresrendite für den betrachteten Zeitraum bei 6,14%. Für den Zeitraum von 2010 – 2020 liegt sogar eine jährliche Durchschnittsrendite von 13,69% zu Grunde.

Bezogen auf einen langen Anlagehorizont scheinen Krisen jeglicher Art lediglich kurz- bzw. mittelfristig Auswirkungen auf die Kursentwicklung zu haben. Auf Basis der historischen Daten könnte die Annahme getroffen werden, dass sich schwerwiegende Krisen lediglich kurz- bis mittelfristig auf die Kursentwicklung auswirken. Bei einem langfristigen Investment haben sich die starken Korrekturen relativiert und führten dennoch zu überdurchschnittlichen Renditen.

Allerdings wäre es aus der wissenschaftlichen Perspektive heraus falsch anzunehmen, dass sich der Kursverlauf aus der Vergangenheit in die Zukunft projizieren lässt und sich weiter fortsetzt. Die historische Entwicklung des S&P500 zeigt jedoch, dass die Auswirkungen auf die Finanzmärkte aller bisherigen Krisen und Kriege nur temporär ausgeprägt waren. Dennoch dient die dargestellte Kursentwicklung lediglich als Wissensgrundlage und erhebt nicht den Anspruch, eine Prognose für die Zukunft zu implizieren.

Warum sind diese Informationen dennoch von großer Bedeutung? Auch wenn aus wissenschaftlicher Perspektive keine Prognose für die Zukunft erstellt werden kann, ist die zentrale Frage nicht, wie die Wissenschaft die bisherige Kursentwicklung bewertet, sondern welche Rückschlüsse private Investoren aus einer derartigen Kursentwicklung ziehen.

Aus der Perspektive eines privaten Investors könnte sich die Situation wie folgt darstellen:

Der Kursverlauf der letzten 90 Jahre konnte trotz einer Vielzahl von Rückschlägen eine Durchschnittsrendite von 7,73% p.a. erreichen. Unter der Annahme eines weiteren positiven Kursverlaufs im langfristigen Anlagehorizont bieten sich dem privaten Investor Einstiegskurse, die im Falle vom S&P500 bis zu 30% günstiger ausfallen, als vor Beginn der Pandemie.

In Einzelaktien konnten sogar noch stärkere Kursrückgänge verzeichnet werden. Aktien grundsätzlich solider Unternehmen mussten Korrekturen von bis zu 40% und mehr verzeichnen, wie beispielsweise die Aktien der TUI, Münchner Rück, Walt Disney, Volkswagen, IBM und vielen weiteren (Finviz Stock Screener 2020).

Private Investoren könnten die Kursrückgänge in Zeiten der Corona-Pandemie demnach einerseits als Bestätigung für das Risiko der Geldanlageform ansehen. Dadurch würden entsprechende Finanzprodukte weiterhin gemieden werden. Oder aber die Anleger sehen die starken Marktkorrekturen als Chance/Anreiz für ein womöglich lukratives Investment mit langfristigem Anlagehorizont. Dies soll im Rahmen der vorliegenden Studie untersucht werden.

8. Erhebungsmethode

Um das Anlageverhalten von privaten Investoren im besagten Zeitraum zu untersuchen, können verschiedene Methoden gewählt werden, die sich gut oder weniger gut dazu eignen, um die gefragten Ergebnisse zu erhalten. In diesem Kapital erfolgt die Beschreibung der gewählten Erhebungsmethode und die zugehörige Begründung, warum die Entscheidung für oder gegen eine bestimmte Methode getroffen wurde.

8.1. Forschungsfrage und Hypothesen

Die bis zu diesem Kapitel beschriebenen Inhalte deuten darauf hin, dass Menschen sich in finanziellen Angelegenheiten eher risikoavers verhalten. Dies konnte im Rahmen der Prospect Theorie darauf zurückgeführt werden, dass Verluste grundsätzlich stärker empfunden werden als Gewinne.

Im Zusammenhang mit Lewins Feldtheorie konnte gleichzeitig festgestellt werden, dass ambivalente Ziele dazu führen, dass sich das betrachtete Objekt weder dem Ziel annähert, noch davon entfernt, wenn die Feldkräfte, die zum Ziel zeigen, genauso stark ausgeprägt sind, wie die Feldkräfte, die das Objekt vom Ziel abstoßen.

Erst wenn der Anreiz, das Ziel zu erreichen, so stark erhöht wird, dass das Risiko in Kauf genommen wird, können die Feldkräfte, die abstoßend wirken, überwunden werden.

Daraufhin wurde in Kapitel 7 das aktuelle Börsenbild betrachtet und daraufhin überprüft, ob die starken Korrekturen an den Märkten als Anreiz für Privatanleger verstanden werden könnten.

Auf Basis dieser Informationen soll im Rahmen der durchzuführenden Studie folgende Forschungsfrage beantwortet werden:

Wie verhalten sich private Investoren und Sparer in Zeiten der Corona-Pandemie?

Sofern der Anreiz durch die gefallenen Börsenkurse stark genug ist, damit Privatinvestoren verstärkt auf Finanzmarktprodukte zurückgreifen, wäre dieser Umstand gleichbedeutend mit der Tatsache, dass es in diesem Szenario keinen Zusammenhang zwischen der Risikoaversion und der Wahl der Kapitalanlagen von Privatinvestoren gibt, wenn der Anreiz für eine vergleichsweise hohe Rendite stark genug ist bzw. als stark genug empfunden wird.

Das Risikoverhalten ist in der vorliegenden Ausarbeitung eine zentrale Größe. Unter Berücksichtigung der Risikowahrnehmung und der Risikobereitschaft soll untersucht werden, welche Kapitalanlagen von privaten Investoren im betrachteten Zeitraum bevorzugt genutzt werden und wie das grundsätzliche Stimmungsbild gegenüber Finanzmarktprodukten wahrgenommen wird.

Auf dieser Grundlage wurden folgende Hypothese abgeleitet:

Hypothese 1:

In Zeiten der Corona-Pandemie gibt es keinen Zusammenhang zwischen der Wahl der Kapitalanlagen und der Risikoaversion bei finanziellen Angelegenheiten.

Sofern diese Hypothese bestätigt werden kann, würde die abgeleitete Konsequenz sein, dass Privatinvestoren im betrachteten Zeitraum verstärkt in Finanzmarktprodukte investieren. Daher kann auf Basis der ersten Hypothese die zweite Hypothese abgeleitet werden:

Hypothese 2:

Im betrachteten Zeitraum der Corona-Pandemie investieren Privatinvestoren verstärkt in Finanzmarktprodukte.

Um die formulierten Hypothesen zu überprüfen, soll eine Studie durchgeführt werden. Auf Basis der erhobenen Daten sollen anschließend die Hypothesen bestätigt oder verworfen werden.

8.2. Methodik – Fragebogen

Es gibt eine Vielzahl von möglichen Methoden, mit denen die Forschungsfrage und die zugehörigen Hypothesen untersucht und überprüft werden können. Dabei ist entscheidend, dass die Daten, die mittels der gewählten Methode erhoben werden, anschließend ein allgemeines Gesamtbild zur untersuchten Forschungsfrage abbilden können. Aus diesem Grund können einige Methoden durch diese Einschränkung bereits ausgeschlossen werden. Durch die hohe Individualität des Risikoverhaltens könnten

Experteninterviews zu falschen Annahmen führen, wenn diese nicht in großer Vielzahl durchgeführt werden.

Unter Berücksichtigung der formulierten Hypothesen und des zu untersuchenden Phänomens, wurde für die Untersuchung der Forschungsfrage und der zugehörigen Hypothesen ein Fragebogen entworfen, der im Rahmen einer Online-Umfrage beantwortet werden konnte.

Der Fragebogen besteht insgesamt aus 23 verschiedenen Fragen, die sich im Wesentlichen gliedern in:

- Demographische Daten
- Spar-/Investitionsverhalten
- Zustimmung zu Aussagen zum Anlageverhalten
- Risikoverhalten

Neben der Kategorisierung nach Inhalten lässt sich der Fragebogen ebenfalls thematisch kategorisieren:

- Anlageverhalten vor der Corona-Pandemie
- Anlageverhalten während der Corona-Pandemie
- Risikoverhalten bei Geldanlagen

Zu jeder Frage hat der Proband die Möglichkeit, eine Frage unbeantwortet zu lassen bzw. eine Frage mit „Keine Angabe" oder „Weiß nicht" zu beantworten.

Der Fragebogen wurde unter der Prämisse erstellt, so viele Fragen wie nötig, aber so wenige Fragen wie möglich zu stellen, um mögliche Abbrüche auf Grund von zu langen

Befragungsprozessen zu vermeiden. Zwar wäre eine umfassende Untersuchung mit vielen Fragen zum Themenschwerpunkt sinnvoll für weitreichende Erkenntnisse, allerdings kann vorab die Größe der Stichprobe nur bedingt eingeschätzt werden. Sollte die Stichprobe einen kleinen quantitativen Umfang aufweisen, würden zusätzlich in Kauf genommene Abbrüche die Aussagekraft der durchzuführenden Untersuchung gefährden. Darüber hinaus könnte die Validität der Untersuchung durch eine hohe Bearbeitungsdauer negativ beeinflusst werden, sofern der Stichprobenumfang relativ klein ausfällt.

In Kapitel 8.2.1 folgt eine Beschreibung der einzelnen Items und die jeweilige Begründung, warum diese im Rahmen der Studie verwendet wurden.

8.2.1. Demographische Daten

Die Angaben zu demographischen Daten sind für die Studie wichtig, um Fehlinterpretationen der Ergebnisse zu verhindern. Zum einen ist das Spar- und Investitionsverhalten ein sensibles Thema, und zum anderen ist davon auszugehen, dass sich die Beantwortung des Fragebogens in Abhängigkeit der demographischen Angaben unterschiedlich gestaltet. Anhand der demographischen Angaben lässt sich die Qualität der Stichprobe und damit auch der erhobenen Daten feststellen. Ohne die Angabe von demographischen Merkmalen wäre nicht feststellbar, ob beispielsweise nur Personen an der Umfrage teilgenommen haben, die zwischen 60 und 70 Jahre alt sind und in einem bestimmten Beruf tätig sind. Auch wenn sich in diesem Fall interessante Anomalien feststellen lassen würden, könnten die Ergebnisse nur für diese bestimmte Nische der Stichprobe gültig sein.

Die individuelle Situation, in der sich der Proband befindet und in der er lebt, ist entscheidend für die Relevanz der Ergebnisse. Ein Proband, der mit 4 weiteren Personen in einem Haushalt lebt und 3 Kinder hat, wird vermutlich ein anderes Spar- und Investitionsverhalten aufzeigen, als ein Proband, der Single ist und über ein hohes Einkommen verfügt.

Die späteren Ergebnisse lassen sich durch die verschiedenen demographischen Merkmale besser kategorisieren und verringern somit den Interpretationsspielraum für induktive Fehlinterpretationen auf Grund einer unzureichenden Datenbasis.

Für die Untersuchung wurden folgende demographischen Attribute abgefragt:

- Geschlecht
- Alter
- Höchster Bildungsabschluss
- Berufliche Stellung
- Alleinverdiener im Haushalt
- Anzahl der im Haushalt lebenden Personen
- Anzahl Kinder
- Besondere Situation durch Kurzarbeit, Scheidung, Trennung, etc.

- Monatliches Bruttoeinkommen

Soweit möglich wurden die Antwortmöglichkeiten bereits kategorisiert. Dieses Vorgehen spiegelt für den Befragten eine gewisse Anonymität wider und für die durchzuführende Erhebung ist es irrelevant, ob der Befragte beispielsweise 3.500€ oder 3612€ verdient. Relevant ist allerdings die Unterscheidung, ob die befragte Person über ein Einkommen zwischen 3.000€ und 4.000€ verfügt, oder über ein Einkommen ab 7.000€ aufwärts.

Innerhalb der abgefragten demographischen Angaben gibt es Fragen, die womöglich als sehr sensibel empfunden werden können. Hierzu zählen insbesondere die Fragen, ob der Proband der Alleinverdiener im Haushalt ist, die Höhe des monatlichen Bruttoeinkommens und ob sich der Proband in dem beobachteten Zeitraum in einer besonderen privaten Situation befand, wie z.B. einer Scheidung, Kurzarbeit o.ä.

Diese Fragen können zusätzliche Erkenntnisse aufzeigen, da sie eine differenziertere Betrachtung der Ergebnisse zulassen. Es besteht jedoch gleichzeitig das Risiko, dass Probanden diese Fragen nicht beantworten (möchten). Um bei solch sensiblen Fragen keine Abbrüche zu erzielen, erhalten die Probanden die Möglichkeit, als Antwortoption „Keine Angabe" auszuwählen, oder die Frage zu überspringen.

Jede Angabe für sich liefert im Zusammenhang mit den anderen Hauptkategorien ein breites Spektrum zur Analyse und Interpretation der Ergebnisse. Die spezifischen Unterschiede, sofern die Fragen beantwortet wurden, können individuell betrachtet und auf Anomalien untersucht werden.

Für die Auswahl des Geschlechts wurde eine Nominalskala verwendet.

Für die Auswahl des Alters wurden Kategorien erstellt. Die erste Kategorie bildet die Altersgruppe von 16-20 Jahren ab. Alle nachfolgenden Kategorien sind in 10er-Schritten auswählbar, demnach 21-30, 31-40 usw.

Die Gruppierung des Alters wurde vorgenommen, um dem Probanden eine Form der Anonymität anzubieten. Explizite Angaben zum Alter sind für den Zweck der Untersuchung nicht erforderlich. Die Information der Altersverteilung innerhalb der Studie erlaubt Rückschlüsse über die Zusammensetzung der Stichprobe und ist daher grundsätzlich relevant.

Ähnlich verhält es sich mit der Frage nach dem Berufsstatus. Dieser wird über eine Nominalskala abgefragt und erlaubt innerhalb der Ergebnisse Rückschlüsse auf die Stichprobe. Je nach dem, wie die Verteilung innerhalb der einzelnen Berufsstatus ausfällt, kann im Anschluss untersucht werden, welche Unterschiede zwischen den einzelnen beruflichen Stellungen vorhanden sind. Dies wird jedoch ausschließlich bei einer hinreichend großen Stichprobe möglich sein.

Die Frage, ob der Proband der Alleinverdiener im Haushalt ist, ist dichotom ausgeprägt mit den Antwortmöglichkeiten Ja/Nein. Durch die Beantwortung dieser Frage soll sich die Risikoaversion bei finanziellen Angelegenheiten besser einordnen lassen. Dies wird insbesondere ab dem Zeitpunkt erforderlich sein, an dem Anomalien in den Ergebnissen erkennbar werden sollten. Sofern die Ergebnisse atypische Antworten im Verhältnis zu vorangegangen Studien aufzeigen, müssen die entsprechenden Kriterien in den Gesamtkontext eingeordnet werden.

Die Frage nach den Personen, die insgesamt im Haushalt des Probanden leben, erfolgt auf Basis einer Kardinalskala. Der Proband kann per Radiobutton die Anzahl der im Haushalt lebenden Personen auswählen. Dabei lassen sich die Werte 1-5 einzeln auswählen. Alle Werte, die darüber hinaus gehen, werden mit der Auswahlmöglichkeit „Mehr als 5" zusammengefasst.

Bei der Frage „Wie viele Kinder haben Sie?" gibt es eine Besonderheit. Die zentrale Fragestellung und damit das wesentliche Unterscheidungskriterium ist die Tatsache, ob der/die Befragte Kinder hat oder nicht. Die explizite Anzahl der Kinder ist für die spätere Auswertung nicht von zentraler Bedeutung, weshalb die ursprünglich geplante Frage „Haben Sie Kinder?" lautete. Auf Grund des Fragenverlaufs und der optischen Darstellung der Fragen wurde die aktuelle Variante gewählt, um dem Befragten ein bekanntes Frage-Antwort-Schema zur Verfügung zu stellen, was bereits auf Grund der vorherigen Frage bekannt ist. Dies soll einen weiteren Faktor zur Minimierung der Abbruchzahlen darstellen und zum Wohlfühlfaktor bei der Beantwortung der Fragen beitragen. Gleichzeitig soll auf diese gestalterische Art und Weise des Fragebogens die Anzahl der

Antworten mit der Auswahlmöglichkeit „Keine Angabe" reduziert werden.

Aus diesem Grund wurden die Fragen, die sehr persönlich sind, zum Schluss des Fragebogens gestellt. An diesem Punkt hat der Befragte im besten Fall bereits sämtliche Fragen beantwortet und die Hemmschwelle, auch die letzten beiden Fragen zu beantworten, sollte in diesem Abschnitt geringer ausfallen.

Die vorletzte Frage des Fragebogens bezieht sich auf die gegenwärtige Situation des Befragten. Sie lautet:

„Standen oder stehen besondere wirtschaftliche Entwicklungen im privaten Umfeld (z.B. Trennung, Kurzarbeit, Jobverlust usw.) dem Sparen / Investieren während der Corona-Situation entgegen?"

Diese Information stellt eine wichtige Grundlage für die Auswertung der Ergebnisse dar. Wie bereits eingangs beschrieben, soll das Ziel der Untersuchung sein, Aufschluss über das Anlageverhalten von Privatinvestoren in Zeiten der Corona-Pandemie zu geben. Wenn die Befragten ein bestimmtes Anlageverhalten vorweisen, sollte sichergestellt sein, dass dieses Verhalten nicht auf anderen äußeren Umständen beruht. Eine Scheidung, Kurzarbeit, ein Immobilienkauf o.ä. können ebenfalls einen Einfluss auf das Spar- und Investitionsverhalten haben. Dieses Verhalten wäre in diesem Fall zwar ebenfalls abweichend zum dargestellten Sparverhalten vorangegangener Studien, der Gesamtkontext ließe sich allerdings nicht explizit auf den Einfluss der Corona-Pandemie zurückführen, weil in dieser besonderen

Situation ein abweichendes Verhalten auch abseits der Corona-Pandemie hätte auftreten können. Daher sollte diese Information im Rahmen der Interpretation der Ergebnisse unbedingt berücksichtigt werden.

Die Frage nach dem monatlichen Bruttoeinkommen wird an letzter Stelle des Fragebogens gestellt. Folgende Antwortmöglichkeiten stehen zur Verfügung:

- 0-1000€
- 1.001€ - 2.000€
- 2.001€ - 3.000€
- 3.001€ - 4.000€
- 4.001€ - 5.000€
- 5.001€ - 7.000€
- 7.001€ - 10.000€
- Mehr als 10.000€
- Keine Angabe

Die Kategorisierung bis 5.000€ erlaubt bei einer entsprechend großen Stichprobe interessante Einblicke in das Spar-/Investitionsverhalten in Abhängigkeit zum monatlichen Bruttoeinkommen. Da es sich allerdings insbesondere in Deutschland um eine sehr sensible Frage handelt, ist die Antwortmöglichkeit „Keine Angabe" bei dieser Frage essentiell. Alternativ kann die Frage, so wie jede andere Frage des Fragebogens, einfach vom Probanden übersprungen werden.

8.2.2. Spar-/Investitionsverhalten vor und während der Pandemie

Die Fragen zum Spar- und Investitionsverhalten sind ein wesentlicher Bestandteil der Befragung. Durch die verwendeten Fragen soll sich ein Bild darüber ergeben, ob sich das Spar- und Investitionsverhalten der befragten Personen durch die Corona-Pandemie im Verhältnis zu vorangegangenen Untersuchungen verändert hat. Sollte das der Fall sein, dann sollen die Antworten auf die jeweiligen Fragen mögliche Rückschlüsse darüber ergeben, in wie fern genau sich das Anlageverhalten in Bezug auf das Risiko der Finanzprodukte verändert hat.

Um Rückschlüsse auf das Anlageverhalten erhalten zu können, erfolgt die Befragung zuerst auf produktabhängiger Basis. Die Probanden werden zuerst gefragt, welche Produkte Sie zum Sparen / Investieren verwenden oder bereits verwendet haben. Die Frage bietet 15 Antwortmöglichkeiten, ist nominalskaliert und enthält risikoarme und riskante Anlageformen.

Die Antwortmöglichkeiten sind:

- Girokonto
- Tagesgeldkonto / Sparbuch
- Festgeld
- Renten / Lebensversicherungen
- Bausparvertrag
- Aktien
- ETFs

- Investmentfonds
- Unternehmensanleihen
- Staatsanleihen
- Vermietete Immobilien
- Edelmetalle
- Bitcoin
- Andere (Freitext)
- Keine Angabe

Die Antwortmöglichkeiten stellen eine Vielzahl von Möglichkeiten zur Geldanlage zur Verfügung. Sofern die befragte Person noch andere Alternativen nutzt, die in der Auswahl nicht enthalten sind, können diese unter dem Auswahlpunkt „Andere" als Freitext erfasst werden.

Auf Basis dieser Antwortmöglichkeiten folgen zwei weitere Fragen, die das Thema der Produktauswahl darauf eingrenzen, welche der genannten Produkte die befragte Person im Zeitraum von Januar 2020 bis einschließlich April 2020 erstmalig genutzt bzw. gekauft hat.

Diese Frage beinhaltet zusätzlich den Auswahlpunkt „Keine neuen Finanzprodukte" sofern die befragte Person in diesem Zeitraum keine anderen Produkte genutzt hat, als in der Frage zuvor angegebenen.

Die dritte Frage in diesem Kontext zielt darauf ab, ob die befragte Person eine oder mehrere der bereits genannten Spar- und Investitionsmöglichkeiten im betrachteten Zeitraum verstärkt genutzt hat. Zusätzlich erhält der Proband die Möglichkeit, diese Frage mit „Ich habe nichts an meinem Spar-/ Investitionsverhalten geändert" zu beantworten.

Mit der Kombination der drei beschriebenen Fragen und der gewählten Produkte lässt sich in der Datenanalyse herausfinden, ob eine Veränderung des Anlageverhaltens in Zeiten der Corona-Pandemie stattgefunden hat.

Die Produkte, die zur Auswahl stehen und auch die Produkte, die vom Befragten selbst per Freitext eingetragen werden können, werden dabei in zwei unterschiedlichen Kategorien erfasst. Zum einen in risikolose Finanzprodukte, in denen die Wahrscheinlichkeit eines Totalverlustes gegen 0 tendiert und somit unter normalen Bedingungen nahezu ausgeschlossen ist. Und zum anderen in riskante Finanzprodukte, bei denen ein kompletter Verlust des eingesetzten Kapitals nicht ausgeschlossen werden kann. Zu den riskanten Finanzprodukten werden an dieser Stelle auch Finanzprodukte gezählt, die zwar im Wesentlichen zu den risikoarmen Geldanlagen gehören, durch ihre marktübliche Schwankung allerdings auch Werte unterhalb des eingesetzten Kapitals erreichen können (z.B. Investmentfonds auf Rentenfondbasis oder auf Basis von Staatsanleihen).

Die vermietete Immobilie als Anlagemöglichkeit wird ebenfalls zu den riskanten Finanzanlagemöglichkeiten gezählt. Zwar steht hinter einer vermieteten Immobilie der substantielle Immobilienwert, jedoch können Veränderungen im Mietpreisspiegel, fallende Immobilienpreise, die Zahlungsunfähigkeit eines Mieters und weitere Umweltbedingungen zum Ertragsausfall oder finanziellen Einbußen führen.

Daher wird folgende Kategorisierung vorgenommen:

Kategorie „risikolose Geldanlage":

Girokonto, Tagesgeld/Sparbuch, Festgeld, Renten-/Lebensversicherung, Bausparvertrag

Kategorie „riskante Finanzprodukte":

Aktien, ETFs, Investmentfonds, Unternehmensanleihen, Staatsanleihen, vermietete Immobilien, Edelmetalle, Bitcoin.

Diese Kategorisierung wird als Grundlage für die spätere Auswertung verwendet.

Neben dem produktbezogenen Spar- / Investitionsverhalten soll auch das zu erreichende Sparziel betrachtet werden. Das Sparziel könnte in Bezug auf die Investitionsdauer einen Einfluss auf die gewählte Anlageform haben. Kurzfristige Sparziele erfordern typischer Weise eine andere Präferenz von Finanzprodukten als die Planung der Altersvorsorge mit einem zeitlichen Vorlauf von ca. 30 Jahren.

Hierzu wurde in Frage 13 nach dem grundsätzlichen Sparziel gefragt. Folgende nominalskalierte Antwortmöglichkeiten stehen zur Beantwortung der Frage zur Verfügung:

- Geplante Anschaffung / Konsum / Urlaub
- Rücklage für Notfälle

- Vermögensaufbau / Kapitalanlage zur Generierung laufender Einkünfte
- Renovierung oder Kauf einer Immobilie
- Für mein Kind / meine Kinder (Führerschein, Ausbildung, Wohnungseinrichtung etc.)
- Ich habe kein Spar-/Investitionsziel
- Sonstiges: (Freitext)
- Keine Angabe

Das Sparziel kann neben dem Risikoverhalten daher auch einen Indikator darstellen, warum die befragten Personen bestimmte Finanzanlageprodukte wählen oder auch nicht wählen. Kurzfristige Sparziele im Bereich des Konsums bedürfen anderer Anlagemöglichkeiten als langfristige Anlageziele zum Vermögensaufbau.

Ein weiterer Indikator für die Wahl bestimmter Finanzanlageprodukte könnte die Höhe des monatlich gesparten bzw. investierten Kapitals sein. Es ist davon auszugehen, dass jemand, der eine hohe Sparquote hat, ein breiteres Portfolio an Finanzprodukten verwendet, als jemand, der nur einen kleinen Teil seines Einkommens sparen kann.

Die Abfrage der Sparquote erfolgt in einer Prozentangabe im Verhältnis zum verfügbaren monatlichen Einkommen. Die Verwendung von absoluten Beträgen hätte ohne den Zusammenhang des jeweiligen Einkommens nur wenig Aussagekraft. Ein Sparbetrag von z.B. 500€ kann für den einen sehr hoch sein und für jemanden mit einem hohen monatlichen

Einkommen, eher wenig. Durch die prozentuale Angabe relativieren sich kleinere Einkommensunterschiede bei den Probanden, da die zentrale Größe hierbei der Anteil am Nettoeinkommen ist. Selbstverständlich gilt dies nur für Einkommen, die sich im Durchschnittsbereich der Einkünfte bewegen. Sofern es unter den Probanden statistische Ausreißer gibt, die beispielsweise 25.000€ pro Monat verdienen, hat eine Spar-/Investitionsquote von 75% selbstredend eine andere Relevanz.

Dennoch ist anzunehmen, dass die Wahl der Finanzprodukte in Abhängigkeit zur Spar/Investitionsquote unterschiedlich ausfällt, weshalb die Frage als weiteres Untersuchungskriterium abgefragt wurde.

Als letzte Frage der Rubrik des Spar-/Investitionsverhaltens wurde gefragt, wie viele Jahre Erfahrung der Befragte im Handel an den Finanzmärkten hat. Die Frage ist ordinalskaliert. Zur Auswahl stehen 8 Antwortmöglichkeiten:

- Keine Erfahrung
- weniger als 1 Jahr
- 1 Jahr
- 2 Jahre
- 3 Jahre
- 4 Jahre
- mehr als 5 Jahre

Auch diese Frage dient zur besseren Einschätzung der Ergebnisse. Umstände, die zur Wahl der Kapitalanlage führen, jedoch nicht in direktem Zusammenhang mit der Risikowahrnehmung stehen, sollen im Rahmen der Ergebnisanalyse erkannt werden können. Dies ist auf die Tatsache zurückzuführen, dass jemand, der keinerlei Erfahrungswerte mit bestimmten Produkten hat, diese womöglich nicht bevorzugt auswählen wird, auch wenn die äußeren Umstände eigentlich genau für die Wahl des bestimmten Produkts sprechen.

8.2.3. Risikoaversion bei Geldangelegenheiten

Die Variable Risikoaversion soll über verschiedene Items entlang des Fragebogens operationalisiert werden. Die einzelnen Items untersuchen das Risikoverhalten des Befragten aus unterschiedlichen Perspektiven heraus, allerdings ausschließlich im Zusammenhang mit dem Spar- und Anlageverhalten.

Frage 11 und Frage 12 beziehen sich auf den Umgang mit offenen Handelspositionen während der Corona-Pandemie. Sofern diese geschlossen wurden, soll der Grund unter Berücksichtigung der Aspekte „Gewinne sichern" und „Verluste begrenzen" angegeben werden. Diese Angaben dienen der Vervollständigung der vorliegenden Informationen. Jemand, der sich sehr risikobereit zeigt, allerdings Positionen vorzeitig schließt, um Gewinne zu sichern, handelt womöglich konträr zum eigentlichen Risikobefinden.

Sofern der Befragte vor Beginn der Corona-Pandemie hingegen keine Finanzmarktprodukte besaß, so kann er das im Rahmen der Beantwortung der Fragen vermerken. Als weitere Ausweichoption steht die Antwortoption „Keine Angabe" zur Verfügung.

Frage 15 soll Aufschlüsse darüber geben, ob und wie sich das Anlageverhalten durch die Corona-Situation verändert hat. Bei dieser Frage kann der Befragte angeben, ob sich der Sparbetrag verringert oder erhöht hat, oder ob der Befragte während der Zeit mit dem Sparen/Investieren pausiert oder gerade durch die besondere Situation mit dem Sparen / Investieren begonnen hat. Sofern sich der Sparbetrag durch die Corona-Situation nicht verändert hat, steht die Antwortoption „Nein, keine Veränderung" zur Verfügung.

Die Items der Frage 16 bilden ein breites Spektrum an Aussagen zum Anlageverhalten ab. Die Items orientieren sich am magischen Dreieck der Vermögensanlage. Das magische Dreieck der Vermögensanlage zeigt ein Dreieck, bei dem die Ecken den Anlagezielen „Rendite", „Sicherheit" und „Liquidität" entsprechen. Durch die Darstellung der Anlageziele in der Dreiecksform wird erkennbar, dass die Anlageziele im Konflikt zueinander stehen und nicht gleichzeitig erreicht werden können (Wierichs 2010, S. 153).

Abbildung 8.1 Magisches Dreieck der Vermögensanlage

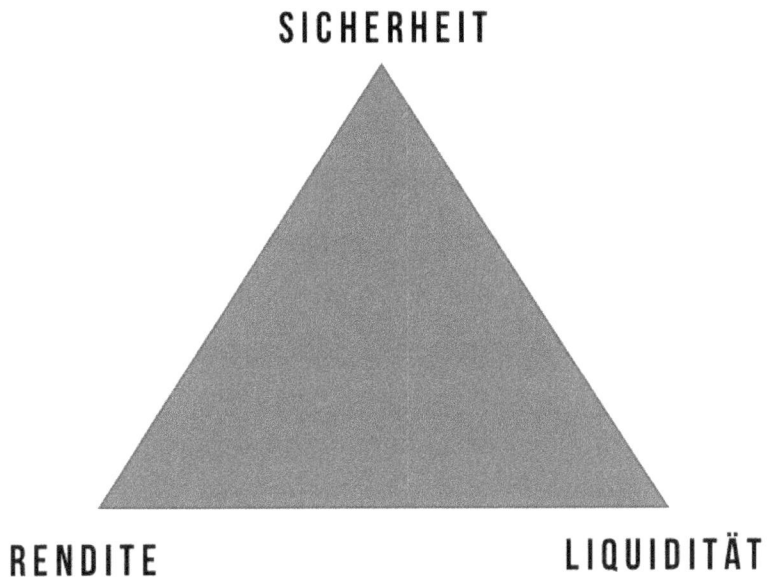

Quelle: Eigene Darstellung nach (Götte 2001, S. 7)

Die Ausprägungen des magischen Dreiecks der Vermögensanlage bilden weitere Bewertungsmerkmale, die zur Operationalisierung der Risikoaversion beitragen können.

Die Items wurden in folgende Kategorien eingeteilt:

Risikoaversion: Diese Kategorie enthält alle Items, die sich darauf beziehen, dass Risiken vermieden werden sollen

Risikofreude: Diese Kategorie enthält Items, in denen das Risiko als Chance angesehen wird

Darüber hinaus wurden die Kategorien „Liquidität" und „Fachwissen" erstellt, allerdings rein als thematische Ergänzung ohne den direkten Einfluss auf das Risikoverhalten. Die Antworten auf diese Items können im Anschluss bei Vorliegen außergewöhnlicher Daten weitere Aufschlüsse darüber geben, warum bestimmte Finanzprodukte abseits der Risikofaktoren genutzt / nicht genutzt werden.

Tabelle 8.1 visualisiert die in Frage 16 enthaltenen Items im Kontext ihrer Kategorisierung.

Tabelle 8.1 Frage 16 – Kategorisierung der Items

Item	Kategorie
Ich habe Bedenken, dass ich bei einem Börsencrash (z.B. einer Finanzkrise) den Großteil meines investierten Geldes verliere.	Risikoaversion
Ein Börsencrash/starke Marktkorrektur ist für mich der perfekte Zeitpunkt, um Wertpapiere günstig zu kaufen/nachzukaufen.	Risikofreude
Ich versuche Anlagemöglichkeiten zu finden, bei denen die Chance auf überdurchschnittlichen Gewinn besteht, auch wenn das heißt, dass ich mein eingesetztes Geld dabei verlieren kann.	Risikofreude
Ich bin nur bereit Geld anzulegen/zu investieren, wenn ich genau weiß, welches Geld mir nach Ablauf des Anlagezeitraums zur Verfügung steht.	Risikoaversion
Die Corona-Situation hat mir gezeigt, wie riskant der Handel an der Börse ist.	Risikoaversion

Durch die Corona-Situation sind interessante Investitionsmöglichkeiten entstanden.	Risikofreude
Für mich ist es wichtig, jederzeit an mein angelegtes Geld zu gelangen.	Liquidität
Bei Wertschwankungen meiner Geldanlagen werde ich unruhig.	Risikoaversion
Bei Wertschwankungen meiner Geldanlagen bleibe ich entspannt.	Risikofreude
Es ist mir wichtig, dass der Wert meiner Geldanlage nicht unter den Betrag fallen kann, den ich eingesetzt habe.	Risikoaversion
Der Handel an den Finanzmärkten ist mir zu kompliziert.	Fachwissen
Mir fehlt das Wissen, wie man an den Finanzmärkten investiert.	Fachwissen
Ich mag den Nervenkitzel, wenn ich finanzielle Risiken eingehe.	Risikofreude
Wenn ich bei einer Geldanlage Geld verliere, fühle ich mich unwohl.	Risikoaversion

Quelle: Eigene Darstellung

Die Items sind ordinalskaliert und die Antworten können auf einer 6-Punkte-Skala erfasst werden. Die Entscheidung für die Nutzung einer Antwortskala mit einer geraden Anzahl an Antwortmöglichkeiten basiert auf der Grundlage, dass die Items eine klare Positionierung in Form von Zustimmung oder Ablehnung ermöglichen. Prinzipiell ließen sich die Antworten auf die Items auch dichotom abbilden. Durch die Verwendung einer 6-Punkte-Skala lässt sich allerdings der Grad der Zustimmung oder Ablehnung differenzierter bestimmen, weshalb diese im Rahmen der Umfrage verwendet wurde.

Es ist zu erwarten, dass die Antworten der Kategorie Risikoaversion negativ mit der Kategorie Risikofreude korrelieren, da sie inhaltlich entgegengesetzt formuliert sind. Wenn der Proband Angst vor einem Börsencrash hat, wird die Corona-Pandemie wahrscheinlich nicht als Anlagechance angesehen werden und vice versa.

Bei der Betrachtung der Kategorien fällt auf, dass der Kategorie „Liquidität" lediglich ein Item zugeordnet wurde. Das liegt am Fokus der durchzuführenden Datenerhebung. Dieser liegt in der Betrachtung des Risikos. Daher ist dieses Item, genau wie die Fragen zur Kategorie Fachwissen, lediglich als Indikatorfrage anzusehen, die es ermöglichen soll, die Ergebnisse der Erhebung verständlicher darzustellen.

Die Fragen 17-20 zielen darauf ab, dass sich der Proband selbst im Hinblick auf das Risiko einschätzen soll. Frage 17 wurde hierbei aus einer SOEP Studie aus 2004 des Deutschen Instituts für Wirtschaftsforschung (DIW) übernommen. Das Item bezieht sich auf die selbst eingeschätzte Risikobereitschaft bei Geldanlagen und verfügt über 11-stufige Likert-Skala, von 0 – Gar nicht risikobereit, bis 10, sehr risikobereit (Prof. Dr. Wagner et al. 2011, S. 35). Diese Frage soll in der Ergebnisanalyse eine zentrale Rolle einnehmen, da auf Basis der hier gegebenen Antworten, Rückschlüsse auf die Beantwortung anderer Items gegeben werden können, wie beispielsweise die entsprechende Produktauswahl.

Frage 18 soll Aufschluss darüber geben, welchen Anteil des Vermögens der Teilnehmer bei einer Chance, eine überdurchschnittliche Rendite zu erzielen, bereit ist zu riskieren. Die Antwortmöglichkeiten erfolgen in 10%-Kategorien, sodass sich der Befragte lediglich in einem Bereich positionieren muss. Als Ausweichoption steht die Auswahlmöglichkeit „Kann ich nicht beurteilen" zur Verfügung. Die Antworten auf diese Frage werden Einblicke in die Unterschiede des Anlageverhaltens zwischen risikoaversen und risikobereiten Personen aufzeigen.

In Frage 19 soll der Befragte angeben, welcher Anteil des Vermögens risikofrei angelegt sein soll, damit sich der Befragte weiterhin wohlfühlt. Die Antwortmöglichkeiten sind analog Frage 18 gestaltet. Frage 19 ist die Umkehrfrage zu Frage 18 und sollte daher negativ mit dieser korrelieren.

Als letzte Frage im Bereich der Risikoaversion soll der Befragte angeben, bis zu welcher Marktschwankung der Kapitalanlage er/sie sich weiterhin mit der Anlageentscheidung wohlfühlen würde. Die Antwortmöglichkeiten zu diesem Item sind ebenfalls analog zu Frage 18 und 19 gestaltet und auch bei dieser Frage wird es interessant sein, wie und ob sich das Anlageverhalten von risikoaversen Personen von risikofreudigen Personen unterscheidet.

Die Besonderheit der Fragen 18-20 ist, dass diese kardinalskaliert sind. Im Kontext des gesamten Fragebogens sollten sich daraus weitere Rückschlüsse zum Risikoverhalten ergeben.

Es ist davon auszugehen, dass Fragen die Fragen 17, 18, und 20 miteinander korrelieren und mit der Frage 19 hingegen negativ korrelieren.

Im Gesamtkontext der unterschiedlichen Skalenniveaus und der Betrachtung der verschiedenen Perspektiven zum Risikoverhalten im Zusammenhang mit Geldanlagen, sollten die Ergebnisse insgesamt differenzierte Einblicke in das Anlageverhalten von Privatinvestoren aufzeigen können.

8.3. Datenerhebung

Der Fragebogen wurde mittels soSci Survey erstellt (soSci Survey GmbH, Marianne-Brandt-Str. 29, 80807 München). Vor der tatsächlichen Datenerhebung wurde ein Pretest durchgeführt. Am Pretest haben vier Personen teilgenommen (N = 4). Im Rahmen des Pretests wurde der Fragebogen in der Erstversion von den Teilnehmern entsprechend kommentiert und mit etwaigen Verbesserungsvorschlägen versehen. Die Rückmeldungen zur Erstversion enthielten Kommentare zur Fragenformulierung, Verständlichkeit, Design und Struktur des Fragebogens.

Auf Basis der Informationen aus dem Pretest wurde der Fragebogen entsprechend angepasst und überarbeitet. Die betreffenden Fragen wurden umformuliert und die Reihenfolge der Fragen wurde so angepasst, dass die Struktur und Darstellung des Fragebogens insgesamt flüssiger und konsistenter erscheint. Die Bearbeitungsdauer konnte von den Personen, die den Pretest durchgeführt haben, mit 8-10min angegeben werden, was ein zufriedenstellendes Ergebnis dargestellt. Ein Ziel innerhalb der Konzeption des Fragebogens war, dass die Bearbeitungsdauer von 10 Minuten nicht überschritten werden sollte.

Anschließend wurde den Teilnehmern des Pretests der überarbeitete Fragebogen erneut zur Verfügung gestellt. Im zweiten Pretest gab es von jedem Probanden ein positives Feedback zur Verständlichkeit, Dauer der Bearbeitung und Struktur des Fragebogens.

Der Fragebogen wurde ohne Spendenversprechen oder die Aussicht auf einen möglichen Gewinn veröffentlicht. Da die Größe der Stichprobe vorab nicht einschätzbar ist, besteht eine realistische Chance, dass die Stichprobe einen kleinen Umfang erreicht. Damit auch aus einer kleinen Stichprobe qualitativ hochwertige Daten generiert werden können, hat sich der Verfasser der Thesis bewusst gegen den Einsatz von extrinsischen Motivatoren entschieden. Durch das Spendenversprechen oder die Aussicht auf einen Gewinn, könnte die Qualität der erhobenen Daten, die in anonymisierter Form stattfindet, gemindert werden. Dies könnte insbesondere dann der Fall sein, wenn der Fragebogen lediglich durch den unbewussten sozialen Druck zur Spendenbereitschaft oder den Anreiz eines Gewinns erfolgt und nicht auf Basis des zu untersuchenden Sachverhalts.

Nach der Durchführung des zweiten Pretests wurde der Fragebogen unter folgendem Link veröffentlicht: https://www.soscisurvey.de/masterthesis_pohl/

Die Befragung erfolgte im Zeitraum vom 21.04.2020 bis zum 21.05.2020. Das entspricht einem Datenerhebungszeitraum von 31 Tagen.

Der Link zum Fragebogen wurde durch den Verfasser der vorliegenden Thesis an persönliche Kontakte weitergegeben. Darüber hinaus wurde der Link zur Befragung in verschiedenen Studiengruppen auf Facebook gepostet und an den Emailverteiler der Hochschule versandt. Als weiterer Kanal zur Datenerhebung wurde der Link auf dem schwarzen Brett des Unternehmens gepostet, in dem der Verfasser der Thesis tätig ist. Dabei handelt es sich um ein Versicherungsunternehmen mit ca. 2700 Mitarbeitern. Außerdem wurde der Fragebogen zur Studie auch auf dem Webportal www.surveycircle.com veröffentlicht.

Durch die unterschiedlichen Kanäle zur Datenerhebung, ist davon auszugehen, dass die Stichprobe hinreichend repräsentativ ist (vgl. Kapitel 9.3).

8.4. Reflexion der Methode

Die Wahl der Methode in Form eines Fragebogens im Rahmen einer Online-Umfrage stellt eine gute Möglichkeit dar, die erforderlichen Daten zu erheben. Dennoch ergeben sich durch die Methode sowohl Vorteile, als auch Nachteile, die nachfolgend näher beschrieben werden.

Der Fragebogen als methodisches Mittel bietet eine Vielzahl von Vorteilen. Durch die Bereitstellung des Fragebogens im Internet, können große Stichproben erreicht werden, die einen Querschnitt der Bevölkerung darstellen können (Heterogene Stichprobenzusammensetzung). Dies reduziert Fehlinterpretationen auf Basis von unzureichenden Daten. Anders könnte sich der Sachverhalt darstellen, wenn bestimmte Personengruppen im Rahmen der Umfrage angesprochen werden sollen. Soll der Fragebogen im Rahmen einer Untersuchung von einer bestimmten Zielgruppe beantwortet werden, müsste der Fragebogen so gestaltet werden, dass die angesprochene Zielgruppe im Rahmen der Befragung gefiltert wird, weil nicht vermieden werden kann, dass auch Probanden abseits der angestrebten Zielgruppe an der Befragung teilnehmen.

Im Fall der vorliegenden Forschungsarbeit besteht dieses Problem allerdings nicht, da das Verhalten von privaten Investoren und Sparern untersucht werden soll. Diese Untersuchung bedarf somit keiner speziellen Zielgruppe, sondern profitiert von einer Vielfalt innerhalb der Stichprobe. Eine Stichprobenproblematik wird aus diesem Grund ausgeschlossen, auch wenn die Wissenschaft darüber debattiert, ob Stichproben aus Online-Umfragen als repräsentativ angesehen werden können oder eine verzerrte Darstellung der Umwelt abbilden (Weichbold et al. 2009, S. 157).

Im Gegensatz zu anderen Erhebungsmethoden entstehen bei einer Online-Umfrage keine Kosten für das Drucken von Fragebögen, das Mieten von geeigneten Räumlichkeiten etc. Durch die systemgestützte Erfassung der Antworten werden Dateneingabefehler vermieden und verschiedene psychologische

Effekte wie beispielsweise der Versuchsleitereffekt vermieden (Thielsch und Weltzin 2012, S. 111).

Gleichzeitig gibt es neben einer Vielzahl von Vorteilen auch einige Nachteile, die ebenfalls genannt werden müssen. Eine der größten Hürden im Zusammenhang mit Online-Befragungen ist die Länge des Fragebogens. Je länger der Fragebogen, also je mehr Items zur Beantwortung vorhanden sind, um so höher ist die Abbruchquote. Die Abbruchquote steigt dabei sogar überproportional im Verhältnis zur Anzahl der gestellten Fragen (Reuse 2011, S. 87).

Um hochwertige Ergebnisse zu erhalten und geringe Abbruchquoten zu erzielen, sollte die Bearbeitungsdauer durch den Befragten ca. 10min betragen. (Reuse 2011, S. 87). Das bedeutet, dass das zu untersuchende Phänomen so eingegrenzt werden muss, dass die zu untersuchenden Konstrukte dennoch umfassend abgebildet werden.

Hieraus kann sich ein Zielkonflikt ergeben. Zum einen sollte die Bearbeitungszeit des Fragebogens nicht länger als 10 Minuten betragen, gleichzeitig müssen die Fragen eine je nach Untersuchungsgegenstand notwendige Detailtiefe erreichen (Reuse 2011, S. 87).

Die Struktur, die im Rahmen dieser Ausarbeitung gewählt wurde, berücksichtigt die Entstehung möglicher Zielkonflikte. Einerseits soll die notwendige Detailtiefe erreicht werden, andererseits sollte die Beantwortung des Fragebogens nicht länger als 10min dauern dürfen.

Dennoch muss an dieser Stelle erwähnt werden, dass es unter Berücksichtigung aller Faktoren für die Erhebung von qualitativ hochwertigen Daten nach Ansicht des Verfassers dieser Ausarbeitung von Vorteil wäre, zusätzlich zu einem detaillierten Fragebogen ein Experiment durchzuführen.

Zum einen könnten in einer Befragung, die 20 Minuten dauert oder länger, deutlich differenziertere Daten erhoben werden. Zum anderen könnte in einem oder mehreren aneinanderknüpfenden Experimenten das Entscheidungsverhalten der Befragten unter Risiko untersucht werden. Würden diese beiden Methoden miteinander kombiniert werden, würde die Methodik ein wesentlich breiteres Spektrum an auswertbaren Daten zur Verfügung stellen.

Auch, wenn diese Formen der Datenerhebung ein breiteres Spektrum an Informationen liefern würden, würde eine solche Erhebung den Umfang dieser Ausarbeitung erheblich übersteigen, weshalb bewusst auf diese Methoden verzichtet wurde.

Der Einsatz des Fragebogens im Rahmen einer Online-Umfrage wird daher durch die gegebenen Umweltbedingungen als sinnvolle Methode angesehen, um entsprechende Ergebnisse zu erhalten, die die formulierte Forschungsfrage beantworten können.

9. Studie und Auswertung mit Ergebnissen

9.1. Validierung

Die Validität der Items wird wie folgt sichergestellt. Der Fragebogen enthält das Item zur Selbsteinschätzung des Risikoverhaltens bei Geldangelegenheiten der SOEP-Studie des DIW aus dem Jahr 2004. Dieses Item erfüllt die Kriterien zur Inhaltsvalidität, Kriteriumsvalidität und der Konstruktvalidität.

In Anbetracht der Tatsache, dass die weiteren Items, die im Rahmen dieser Ausarbeitung verwendet werden, ebenfalls das Risikoverhalten bei Geldanlagen untersuchen, ist davon auszugehen, dass die Daten der weiteren Items mit den Daten des Items aus der SOEP-Studie positiv bzw. negativ korrelieren, sofern eine Validität gewährleistet ist.

Tabelle 9.1 zeigt eine Übersicht der einzelnen Aussagen zu Geldanlagen und den Korrelationskoeffizienten zum Item aus der SOEP-Studie.

Tabelle 9.1 Korrelationen der Items mit dem Item Risikobereitschaft Geldanlagen

Korrelationen

		Risikobereitschaft Geldanlagen
Ich habe Bedenken, dass ich bei einem Börsencrash (z.B. einer Finanzkrise) den Großteil meines ...	Korrelationskoeffizient	-,080
	Sig. (2-seitig)	,159
	N	309

Ich versuche Anlagemöglichkeiten zu finden, bei denen die Chance auf überdurchschnittlichen Gew...	Korrelationskoeffizient	,627**
	Sig. (2-seitig)	,000
	N	305
Ich bin nur bereit Geld anzulegen / zu investieren, wenn ich genau weiß, welches Geld mir nach ...	Korrelationskoeffizient	-,605**
	Sig. (2-seitig)	,000
	N	318
Die Corona-Situation hat mir gezeigt, wie riskant der Handel an der Börse ist.	Korrelationskoeffizient	-,133*
	Sig. (2-seitig)	,022
	N	298
Durch die Corona-Situation sind interessante Investitionsmöglichkeiten entstanden.	Korrelationskoeffizient	,370**
	Sig. (2-seitig)	,000
	N	277
Für mich ist es wichtig, jederzeit an mein angelegtes Geld zu gelangen.	Korrelationskoeffizient	-,315**
	Sig. (2-seitig)	,000
	N	327
Bei Wertschwankungen meiner Geldanlagen werde ich unruhig.	Korrelationskoeffizient	-,427**
	Sig. (2-seitig)	,000
	N	302
Bei Wertschwankungen meiner Geldanlagen bleibe ich entspannt.	Korrelationskoeffizient	,411**
	Sig. (2-seitig)	,000
	N	304
Es ist mir wichtig, dass der Wert meiner Geldanlage	Korrelationskoeffizient	-,613**
	Sig. (2-seitig)	,000

nicht unter den Betrag fallen kann, den ich...	N	319
Der Handel an den Finanzmärkten ist mir zu kompliziert.	Korrelationskoeffizient	-,604**
	Sig. (2-seitig)	,000
	N	326
Mir fehlt das Wissen, wie man an den Finanzmärkten investiert.	Korrelationskoeffizient	-,528**
	Sig. (2-seitig)	,000
	N	329
Ich mag den Nervenkitzel, wenn ich finanzielle Risiken eingehe.	Korrelationskoeffizient	,580**
	Sig. (2-seitig)	,000
	N	318
Wenn ich bei einer Geldanlage Geld verliere, fühle ich mich unwohl.	Korrelationskoeffizient	-,417**
	Sig. (2-seitig)	,000
	N	316
Ein Börsencrash/starke Marktkorrektur ist für mich der perfekte Zeitpunkt, um Wertpapiere günst...	Korrelationskoeffizient	,438**
	Sig. (2-seitig)	,000
	N	271
Risikobereitschaft Geldanlagen	Korrelationskoeffizient	1,000
	Sig. (2-seitig)	.
	N	336

**. Die Korrelation ist auf dem 0,01 Niveau signifikant (zweiseitig).
*. Die Korrelation ist auf dem 0,05 Niveau signifikant (zweiseitig).
Quelle: SPSS Datenexport auf Basis der erhobenen Daten

Für die Überprüfung der Validität wurden sämtliche Items des verwendeten Fragebogens, die sich auf das Risikoverhalten beziehen, mit dem Item aus der SOEP-Studie korreliert. Die Ergebnisdaten liegen ordinalskaliert vor, deshalb wurde zur

Ermittlung des Korrelationskoeffizienten das Spearman Rho Verfahren verwendet. Innerhalb der Ergebnisse zeigt sich, dass das erste Item nicht mit dem Item aus der SOEP-Studie korreliert. Alle weiteren Items korrelieren signifikant mit dem Item aus der SOEP-Studie, mehrheitlich sogar unter Berücksichtigung einer Irrtumswahrscheinlichkeit von 1%.

Auf Grundlage der Validierung wird das Item „Ich habe Bedenken, dass ich bei einem Börsencrash (z.B. einer Finanzkrise) den Großteil meines eingesetzten Kapitals verliere" nicht in der Ergebnisbetrachtung berücksichtigt. Die Daten aus diesem Item werden jedoch nicht vollständig verworfen, sondern werden separat betrachtet und interpretiert.

Für die Fragen zur weiteren Beurteilung des Risikos, also welcher Anteil des Vermögens sicher angelegt werden soll, welcher Anteil des Vermögens riskiert werden kann und welche Marktschwankung der Befragte bei der Chance auf hohe Renditen akzeptieren würde, werden ebenfalls mit dem SOEP-Item korreliert. Da die Skalenniveaus der drei zu untersuchenden Items metrisch skaliert sind und das SOEP-Item ordinalskaliert ist, wird die Korrelation mittels des Pearson-Verfahrens untersucht.

Tabelle 9.2 Korrelationen der Items Risikoanteil, Sicherheitsanteil und Marktschwankung

Korrelationen

		Risikobereitschaft Geldanlagen
Risikoanteil Gesamtvermögen	Korrelation nach Pearson	,425**
	Signifikanz (2-seitig)	,000
	N	320
Anteil sichere Anlage	Korrelation nach Pearson	-,384**
	Signifikanz (2-seitig)	,000
	N	316
Akzeptierte Marktschwankung	Korrelation nach Pearson	,511**
	Signifikanz (2-seitig)	,000
	N	282
Risikobereitschaft Geldanlagen	Korrelation nach Pearson	1
	Signifikanz (2-seitig)	
	N	336

**. Die Korrelation ist auf dem Niveau von 0,01 (2-seitig) signifikant.
Quelle: SPSS Datenexport auf Basis der erhobenen Daten

Die Untersuchung der Korrelation der Items zeigt auch in diesem Fall, dass die Items bei einer Irrtumswahrscheinlichkeit von 1% signifikant miteinander korrelieren. Auch diese Items erfüllen damit die Kriterien der Validität.

Bei den nominalskalierten Items, wie beispielsweise bei den Fragen zu demographischen Angaben oder den Angaben zu genutzten Finanzprodukten wird eine vorhandene Validität grundsätzlich angenommen. Diese dienen der Identifikation von soziodemographischen Daten, wie Geschlecht, Alter, Einkommen, aber auch der genutzten Finanzprodukte etc. Die Ergebnisse aus diesen Items werden überwiegend zur Auswertung der Häufigkeiten verwendet und anschließend in kategorisierter Form mit anderen Items auf Zusammenhänge überprüft.

9.2. Reliabilität

Zur Prüfung der Items auf das Gütekriterium der Reliabilität wird ebenfalls SPSS verwendet. Im Rahmen der Analyse werden nicht alle Items kumuliert geprüft, sondern innerhalb ihrer jeweiligen Kategorie (vgl. Tabelle 8.1).

Die Reliabilitätsanalyse innerhalb SPSS wird auf Basis des Ausschlusses eines Items durchgeführt. Anschließend erfolgt die Betrachtung des Werts für Cronbachs Alpha.

Zuerst wurden die Items der Kategorie „Risikoaversion" geprüft. Die Überprüfung der in dieser Kategorie enthaltenen Items liefert folgendes Ergebnis:

Tabelle 9.3 Reliabilitätsanalyse „Risikoaversion"

Item-Skala-Statistiken

	Skalenmittelwert, wenn Item weggelassen	Skalenvarianz, wenn Item weggelassen	Korrigierte Item-Skala-Korrelation	Cronbachs Alpha, wenn Item weggelassen
Aussagen Geldanlagen: Ich bin nur bereit Geld anzulegen / zu investieren, wenn ich genau weiß, welches Geld mir nach ...	14,23	23,001	,609	,725
Aussagen Geldanlagen: Die Corona-Situation hat mir gezeigt, wie riskant der Handel an der Börse ist.	14,15	25,267	,412	,790
Aussagen Geldanlagen: Bei Wertschwankungen meiner Geldanlagen werde ich unruhig.	14,37	22,620	,643	,713

Aussagen Geldanlagen: Es ist mir wichtig, dass der Wert meiner Geldanlage nicht unter den Betrag fallen kann, den ich...	13,69	21,717	,657	,707
Aussagen Geldanlagen: Wenn ich bei einer Geldanlage Geld verliere, fühle ich mich unwohl.	13,17	25,664	,482	,765

Quelle: SPSS Datenexport auf Basis der erhobenen Daten

Für die fünf Items der Kategorie „Risikoaversion" beträgt Cronbachs Alpha 0,782, was einem guten Wert entspricht. Die Kategorie „Risikoaversion" wird damit als reliabel bestätigt.

In der Literatur wird ein Wert von Cronbachs Alpha zwischen 0,7 und 0,8 als reliabel beschrieben (Brosius 2013, S. 826)

Anschließend wurden die Items der Kategorie „Risikofreude" auf die gleiche Art und Weise überprüft. Die Überprüfung lieferte folgende Ergebnisse:

Tabelle 9.4 Reliabilitätsanalyse „Risikofreude"

Item-Skala-Statistiken

	Skalenmittel-wert, wenn Item weggelassen	Skalen-varianz, wenn Item weggelassen	Korrigierte Item-Skala-Korrelation	Cronbachs Alpha, wenn Item weggelassen
Aussagen Geldanlagen: Ein Börsencrash/starke Marktkorrektur ist für mich der perfekte Zeitpunkt, um Wertpapiere günst...	13,91	15,698	,601	,573
Aussagen Geldanlagen: Ich versuche Anlagemöglichkeiten zu finden, bei denen die Chance auf überdurchschnittlichen Gew...	15,19	18,088	,459	,642
Aussagen Geldanlagen: Durch die Corona-Situation sind interessante Investitionsmöglichkeiten entstanden.	13,88	18,063	,510	,621

Aussagen Geldanlagen: Bei Wertschwankungen meiner Geldanlagen bleibe ich entspannt.	14,31	20,483	,296	,707
Aussagen Geldanlagen: Ich mag den Nervenkitzel, wenn ich finanzielle Risiken eingehe.	15,84	19,720	,396	,667

Quelle: SPSS Datenexport auf Basis der erhobenen Daten

Bei der Überprüfung der Reliabilität der Kategorie „Risikofreude" konnte für Cronbachs Alpha ein Wert von 0,695 ermittelt werden. Dieser Wert liegt nahe des Schwellwerts 0,7 und wird aus diesem Grund als noch akzeptabel gewertet. Die Kategorie „Risikofreude" wurde damit ebenfalls als reliabel bestätigt.

9.3. Repräsentativität

Die Diskussion darüber, ob eine Datenerhebung als repräsentativ bezeichnet werden kann, wird laufend geführt. Explizit geht es um die Fragestellung, ob Stichproben im Rahmen einer Online-Befragung als repräsentativ für die Grundgesamtheit angesehen werden können. Dabei existieren unterschiedliche Ansichten von Befürwortern und Gegnern. In der gängigen Praxis ist eine Stichprobe dann als repräsentativ für die Grundgesamtheit anzusehen, wenn die Stichprobe einem kleineren Abbild der Grundgesamtheit entspricht. Die Wahl einer entsprechenden

„repräsentativen" Stichprobe ist insbesondere bei explorativen Studien, in denen etwaige Merkmale erstmalig untersucht werden sollen, nahezu unmöglich. Die jeweilige Erhebung dient schließlich dem Zweck, genau jene Merkmale zu erforschen (Prein et al. 1994, S. 5f).

Eine Einschränkung, die durchaus für Online-Befragungen valide erscheint, ist die Tatsache, dass für die Teilnahme an der Erhebung ein Internetanschluss verfügbar sein muss. Diese Einschränkung führt einerseits dazu, dass keine allgemeingültige Repräsentativität gewährleistet werden kann, da Personen, die über keinen Internetanschluss verfügen, nicht an der Umfrage teilnehmen (können). Hier kommt allerdings der Faktor der Forschungsfrage hinzu. Diese soll das grundsätzliche Verhalten von Anlegern untersuchen. Die expliziten Unterschiede im Anlageverhalten von Internetnutzern und Nicht-Internet-Nutzern sind im Kontext der Forschungsfrage irrelevant.

Wird die Repräsentativität im Kontext der Forschungsfrage beurteilt, so ist davon auszugehen, dass bei einem ausreichend großen Stichprobenumfang und einer realitätsnahen Verteilung innerhalb der demographischen Faktoren, die Stichprobe als hinreichend repräsentativ bewertet werden kann. Dies betrifft insbesondere die Verteilung innerhalb der Geschlechter, Einkommen, berufliche Stellung usw. Dies ist in der durchgeführten Datenerhebung der Fall, weshalb eine hinreichende Repräsentativität begründet werden kann.

9.4. Ergebnisse

Innerhalb des Datenerhebungszeitraums konnten 379 gültige Fälle gezählt werden (N=379). Als „gültig" werden alle Fälle definiert, in denen der Fragebogen bis zur letzten Seite bearbeitet wurde, auch wenn im Rahmen der Umfrage Fragen nicht beantwortet bzw. übersprungen wurden.

Um eine Unschärfe innerhalb der Auswertung zu vermeiden, wird bei jedem betrachteten Kriterium die Anzahl an abgegebenen Antworten ebenfalls dargestellt.

Die Auswertung der Daten erfolgt mit der Statistiksoftware SPSS in der Version 24. In einigen Fällen wurde die Analyse der Daten mittels Excel durchgeführt, sofern eine optimale graphische Ausgabe der Daten innerhalb von SPSS nicht erzielt werden konnte. Die Quellen der jeweiligen Ergebnistabellen und Graphen sind jeweils unterhalb der entsprechenden Objekte in der Beschriftung dargestellt.

9.4.1. Häufigkeiten

Als erstes werden die demographischen Merkmale ausgewertet. Dabei konnte festgestellt werden, dass 50,9% der Befragten männlich (N = 191) und 48,5% weiblich (N = 182) waren. 0,5% der Befragten gaben divers als Geschlecht an (N = 2). Insgesamt haben 1% der Befragten die Frage nach dem Geschlecht nicht beantwortet (N = 4).

Durch die nahezu hälftige Aufteilung in männliche und weibliche Teilnehmer, kann eine geschlechterspezifische Fehlinterpretation der Ergebnisse ausgeschlossen werden. Eine Gewichtung der Ergebnisse wird nicht als erforderlich angesehen.

Die meisten Teilnehmer der Umfrage sind zwischen 21 und 30 Jahre alt. Sie machten mit 39,7% den größten Anteil der Befragten aus (N = 148).

Tabelle 9.5 Altersverteilung Umfrage

Alter

		Häufigkeit	Prozent	Gültige Prozente	Kumulierte Prozente
Gültig	16-20	2	,5	,5	,5
	21-30	148	39,1	39,7	40,2
	31-40	124	32,7	33,2	73,5
	41-50	61	16,1	16,4	89,8
	51-60	31	8,2	8,3	98,1
	61-70	7	1,8	1,9	100,0
	Gesamt	373	98,4	100,0	
Fehlend	Keine Angabe	2	,5		
	System	4	1,1		
	Gesamt	6	1,6		
Gesamt		379	100,0		

Quelle: SPSS Datenexport auf Basis der erhobenen Daten

Ebenfalls stark vertreten mit einem Anteil von 33,2% war die Gruppe der Befragten im Alter zwischen 31 und 40 Jahren (N = 124). Die Gruppe der Personen im Alter zwischen 41 und 50 Jahren war mit 16,4% vertreten (N = 61) und die Gruppe der Personen im Alter zwischen 51 und 60 Jahren mit 8,3% (N = 31). Die Gruppe der 16-20-Jährigen ist mit 0,5% vertreten (N = 2) und die Gruppe der 61-70-Jährigen mit einem Anteil von 1,9% (N = 7). Trotz der geringen Häufigkeiten in den beiden Randbereichen konnte eine breit differenzierte Stichprobe erreicht werden.

Bezogen auf den höchsten erreichten Schulabschluss gaben insgesamt 48,3% der Befragten an über einen

(Fach)Hochschulabschluss (N = 180) zu verfügen. Sie bildeten damit die größte Teilnehmer-Gruppe. 34,9% der Befragten gaben das (Fach)Abitur als höchsten Schulabschluss an (N = 130).

Tabelle 9.6 Häufigkeiten Schulabschluss

Schulabschluss

		Häufigkeit	Prozent	Gültige Prozente	Kumulierte Prozente
Gültig	Hauptschulabschluss	3	,8	,8	,8
	Realschulabschluss	41	10,8	11,0	11,8
	(Fach)Abitur	130	34,3	34,9	46,6
	(Fach)Hochschulabschluss	180	47,5	48,3	94,9
	Promotion	7	1,8	1,9	96,8
	Ohne Schulabschluss	1	,3	,3	97,1
	Anderer Bildungsabschluss	11	2,9	2,9	100,0
	Gesamt	373	98,4	100,0	
Fehlend	Keine Angabe	2	,5		
	System	4	1,1		
	Gesamt	6	1,6		
Gesamt		379	100,0		

Quelle: SPSS Datenexport auf Basis der erhobenen Daten

Im Rahmen dieser Fragestellung war es den Befragten möglich, die Auswahloption „Anderer Bildungsabschluss" auszuwählen und den entsprechenden Abschluss per Freitext einzugeben. Diese Antwortmöglichkeit stellt einen Anteil von 2,9% dar (N = 11). Die Eingaben der Befragten sind in Tabelle 9.7 abgebildet.

Tabelle 9.7 Freitexteingaben „Anderer Bildungsabschluss"

Schulabschluss: Anderer Bildungsabschluss

		Häufigkeit	Prozent	Gültige Prozente	Kumulierte Prozente
Gültig		368	97,1	97,1	97,1
	Bachelor	2	,5	,5	97,6
	Betriebswirt	1	,3	,3	97,9
	Diplom	1	,3	,3	98,2
	(Fach)Hochschulreife	1	,3	,3	98,4
	Fachwirt	1	,3	,3	98,7
	Handwerksmeister	1	,3	,3	98,9
	Höhere Handelsschule	1	,3	,3	99,2
	Lehrabschluss	1	,3	,3	99,5
	Master	1	,3	,3	99,7
	Universitäts-Abschluß	1	,3	,3	100,0
	Gesamt	379	100,0	100,0	

Quelle: SPSS Datenexport auf Basis der erhobenen Daten

Aus Tabelle 9.7 geht hervor, dass die meisten Angaben auch innerhalb der regulären Antworten hätten gegeben werden können und die bisherigen Anteile nicht signifikant beeinflusst hätten. Daher können diese Angaben, da sie nur 2,9% der Ergebnisse ausmachen, in der weiteren Betrachtung unberücksichtigt bleiben.

Bei der Angabe zur beruflichen Stellung bildet die Gruppe der Angestellten mit 83,1% (N=310) den größten Anteil der Befragten. Die am zweithäufigsten vertretene Gruppe ist mit einem Anteil von 9,1% (N = 34) die der Studenten. Erst an dritter Stelle folgen die Freiberufler und Selbstständigen mit einem Anteil von 4% (N = 15). Die restlichen Antwortmöglichkeiten wurden selten ausgewählt und bilden gemeinsam einen Gesamtanteil von 3,7% (N = 14).

Unter den Befragten sind 32,8% (N = 121) Alleinverdiener im Haushalt. Insgesamt 40,8% der Befragten leben in einem Zweipersonenhaushalt (N = 150). Ein Anteil von 24,2% der Befragten lebt allein (N = 89).

Tabelle 9.8 Häufigkeiten Personen im Haushalt

Personen Haushalt

		Häufigkeit	Prozent	Gültige Prozente	Kumulierte Prozente
Gültig	1	89	23,5	24,2	24,2
	2	150	39,6	40,8	64,9
	3	62	16,4	16,8	81,8
	4	51	13,5	13,9	95,7
	5	13	3,4	3,5	99,2
	Mehr als 5	3	,8	,8	100,0

	Gesamt	368	97,1	100,0
Fehlend	Keine Angabe	4	1,1	
	System	7	1,8	
	Gesamt	11	2,9	
Gesamt		379	100,0	

Quelle: SPSS Datenexport auf Basis der erhobenen Daten

Von den Befragten gaben 65% an, keine Kinder zu haben (N = 240), 14,6% haben 1 Kind (N = 54), 15,4% haben 2 Kinder (N = 57) und 4,1% haben 3 Kinder (N = 15). Der Anteil der Befragten mit mehr als 3 Kindern beträgt 0,8% (N = 3).

Von den Befragten gaben 19,7% an, dass besondere wirtschaftliche Entwicklungen im privaten Umfeld dem Sparen/Investieren während des betrachteten Zeitraums entgegenstanden (N = 64). Die Antwortmöglichkeit „Nein" wählten 80,3% (N = 261). In 54 Fällen wurde diese Frage nicht oder mit „Keine Angabe" beantwortet. Die Ergebnisse aus dieser Frage sind für die Gesamtbetrachtung der Ergebnisse von zentraler Bedeutung. Wären die Ergebnisse in diesem Bereich so ausgefallen, dass sich die Mehrheit der Befragten in einer besonderen Extremsituation befindet, hätte die Interpretation der Ergebnisse auf einer anderen Grundlage erfolgen müssen. Dies würde eine „besondere Situation" innerhalb einer „besonderen Situation" darstellen, weshalb die Ergebnisse nicht allein auf das Auftreten der Corona-Pandemie zurückzuführen wären. Es würde sich dadurch schwieriger gestalten, die Ergebnisse auseinander halten zu können, ob diese aus der Besonderheit „Corona-Pandemie" oder aus der zusätzlichen Besonderheit der individuell besonderen Situation entstanden sind.

Die Einkommensverteilung der Befragten deckt ebenfalls ein breites Spektrum ab. Die Frage nach dem monatlichen Bruttoeinkommen wurde insgesamt in 300 Fällen beantwortet. Die im Rahmen der Konstruktion des Fragebogens gewählte späte Positionierung des Items erwies sich als vorteilhaft.

Abbildung 9.1 Einkommensverteilung

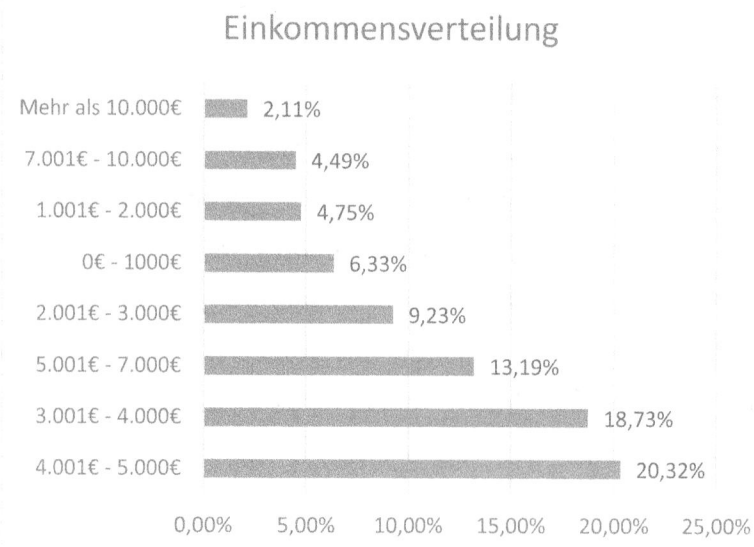

Quelle: Eigene Darstellung auf Basis der erhobenen Daten

Die Auswertung des Einkommens weist ebenfalls ein breites Spektrum innerhalb der Verteilung auf. Der Mittelwert liegt bei 3,55, was einem Einkommen zwischen 2.000€-4.000€ entspricht. Der Median entspricht einem Wert von 4, welcher der Kategorie 3.001€-4.000€ entspricht. Die Standardabweichung beträgt 2,25. Die Ergebnisse und die damit verbundenen Häufigkeiten entsprechen dem erwarteten Verlauf. Nach einer Erhebung des statistischen Bundesamts hat das Durchschnittseinkommen im Jahr 2019 3.994€ brutto im Monat betragen (Statistisches Bundesamt 2020).

Auf die Frage, welche Finanzprodukte zum Sparen oder Investieren genutzt werden, konnten die Befragten eine Mehrfachauswahl treffen. Zur Darstellung der Ergebnisse wurden die möglichen Produkte zuerst in riskante Anlagen und sichere Anlagen aufgeteilt (vgl. Kapitel 8.2.2). Insgesamt wurden 1393 Angaben getätigt. 65,04% der Angaben beziehen sich auf sichere Anlagen (N = 906) und 33,96% beziehen sich auf riskante Anlagen (N = 473).

Von den Befragten gaben 35% an, keine Erfahrung im Handel an den Finanzmärkten zu haben (N = 113). Weniger als 1 Jahr Erfahrung im Handel an den Finanzmärkten haben 14,6% der Befragten (N = 47). Die weiteren Antwortmöglichkeiten bewegen sich im Spektrum zwischen 4-6%. Das Ergebnis zeigt, dass nahezu die Hälfte der Befragten keine oder wenig Erfahrung im Handel an den Finanzmärkten hat.

Abbildung 9.2 Anteile genutzter Finanzprodukte

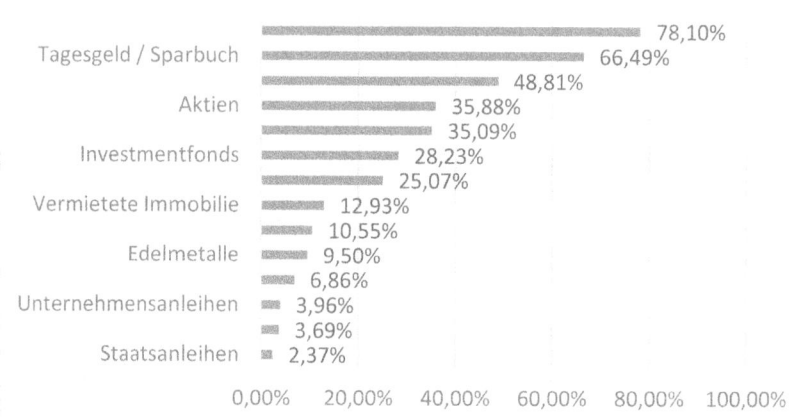

Quelle: Eigene Darstellung auf Basis der erhobenen Daten

In Abbildung 9.2 werden die von den Befragten genutzten und genannten Finanzprodukte einzeln und geordnet dargestellt. Das am meisten genutzte Finanzprodukt zum Sparen ist mit einem Anteil von 78,1% das Girokonto (N = 296). Am zweithäufigsten wird das Tagesgeld / Sparbuch mit einem Anteil von 66,49% genutzt (N = 252). Renten- und Lebensversicherungen sind mit einem Anteil von 48,81% an dritter Stelle (N = 185). Aktien sind mit einem Anteil von 35,88% bereits an vierter Stelle (N = 136), noch knapp vor dem Bausparvertrag mit 35,09% (N = 133).

Mit einem Anteil von 3,69% wurden andere Finanzprodukte genannt (N = 14). Diese werden der Vollständigkeit halber in

Tabelle 9.9 dargestellt, auf Grund des geringen Anteils jedoch nicht weiter berücksichtigt. Einige der Antworten, die im Kontext „andere Finanzprodukte" per Freitext genannt wurden, hätten auch innerhalb der vordefinierten Antwortmöglichkeiten gezählt werden können. Lediglich die Nutzung der eigenen Immobilie wurde 4x als Investition angegeben. Die Bewertung, ob die selbstgenutzte Immobilie als Investment im Sinne einer Kapitalanlage betrachtet werden kann, wird an dieser Stelle nicht angeführt. Grundsätzlich kann allerdings angemerkt werden, dass die selbstgenutzt Immobilie nicht in allen Fällen als renditeorientierte Kapitalanlage betrachtet werden kann.

Tabelle 9.9 Freitextangaben „Andere" bei genutzten Finanzprodukten

Produkte generell: Andere (offene Eingabe)

		Häufigkeit	Prozent	Gültige Prozente	Kumulierte Prozente
Gültig		365	96,3	96,3	96,3
	Betriebliche Altersversorgung	1	,3	,3	96,6
	Briefumschlag im Küchenschrank	1	,3	,3	96,8
	Eigene Immobilie	1	,3	,3	97,1
	Ferienhaus, nur selbstgenutzt	1	,3	,3	97,4
	Gewinnsparen	1	,3	,3	97,6
	gold	1	,3	,3	97,9
	ja	1	,3	,3	98,2

P2P-Kredite	3	,8	,8	98,9
Prämiensparen	1	,3	,3	99,2
Riester-Fondssparplan	1	,3	,3	99,5
selbst genutze Immobilie	1	,3	,3	99,7
selbstbewohnte Immobilie	1	,3	,3	100,0
Gesamt	379	100,0	100,0	

Quelle: SPSS Datenexport auf Basis der erhobenen Daten

Auf die Frage, welche Produkte während der Corona-Pandemie erstmalig genutzt / gekauft wurden, wurde die Antwort „Keine neuen Finanzprodukte" mit einem Anteil von 51,98% am häufigsten ausgewählt (N = 197).

Die Antwortoption „In diesem Zeitraum habe ich kein Geld gespart/investiert" belegt einen Anteil von 17,41% (N = 66).

Auf Basis der vorliegenden Ergebnisse stellt sich die Frage, in wie weit die Ergebnisse der erstmalig genutzten Finanzprodukte für weiteren Untersuchungen betrachtet werden können. Der Anteil der Befragten, die im betrachteten Zeitraum keine neuen Finanzprodukte ins Portfolio aufgenommen haben, zusammen mit den Befragten, die in dem genannten Zeitraum nicht gespart/investiert haben, beträgt 69,39%. Die verbleibenden Antworten verteilen sich auf verschiedene Produkte. Die Anteile der jeweiligen Produkte fallen allerdings sehr niedrig in Bezug auf die gesamte Anzahl der Fälle aus, weshalb für die weitere

Betrachtung der Ergebnisse und der Zusammenhänge die Antworten der grundsätzlich genutzten Finanzprodukte verwendet werden.

Insgesamt wurden bei dieser Frage 134 Produkte ausgewählt. Die Verteilung der Antworten ist in Abbildung 9.3 dargestellt.

Abbildung 9.3 Erstmalig während der Corona-Pandemie genutzte / gekaufte Finanzprodukte

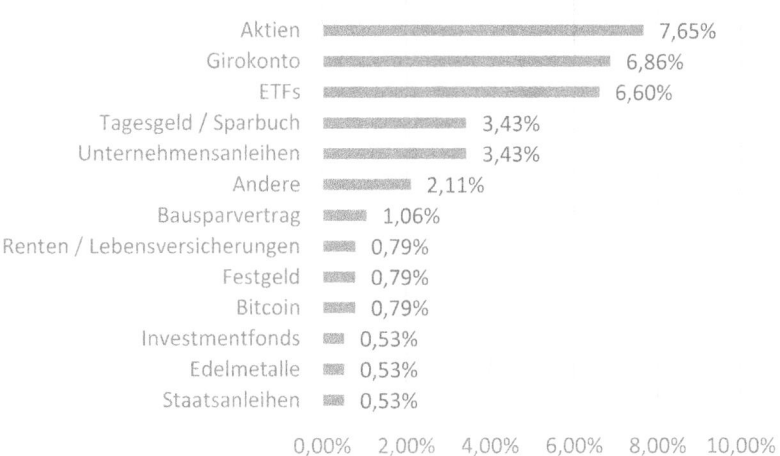

Quelle: Eigene Darstellung auf Basis der erhobenen Daten

Die ersten drei Plätze liegen nahezu gleich auf. Aktien wurden mit einem Anteil von 7,65% ausgewählt (N = 29), das Girokonto wurde in 6,86% der Fälle ausgewählt (N = 26) und ETFs wurden mit einem Anteil von 6,6% ausgewählt (N = 25).

Die Antwortmöglichkeit „Andere" belegt einen Anteil von 2,11% und enthält die in Tabelle 9.10 dargestellten Freitextantworten. Die Angaben werden ebenfalls der Vollständigkeit halber abgebildet und anschließend nicht weiter berücksichtigt.

Tabelle 9.10 Erstmalig während Corona-Pandemie genutzt / gekauft (Freitextangaben)

Produkte Corona: Andere (offene Eingabe)

	Häufigkeit	Prozent	Gültige Prozente	Kumulierte Prozente
	371	97,9	97,9	97,9
Alles wie bisher, aber nicht ?erstmalig?	1	,3	,3	98,2
Derivate	1	,3	,3	98,4
Derivate/Optionsscheine	1	,3	,3	98,7
Hinweis. nicht erstmalig!!!	1	,3	,3	98,9
keine Änderung in Corona	1	,3	,3	99,2
Leider trifft keine der Antwortmöglichkeiten zu	1	,3	,3	99,5
Nur neue Aktien gekauft	1	,3	,3	99,7
weiterhin in Investmentfonds und Rentenvers	1	,3	,3	100,0
Gesamt	379	100,0	100,0	

Quelle: SPSS Datenexport auf Basis der erhobenen Daten

Auf die Frage, welche Finanzprodukte während der Corona-Pandemie verstärkt genutzt / gekauft wurden, liegen Aktien mit einem Anteil von 20,05% vorn (N = 76). Den zweitgrößten Anteil bildet mit 14,25% das Girokonto (N = 54). ETFs belegen den dritten Rang mit einem Anteil von 12,40% (N = 47).

Diese Frage enthielt wie bereits die Frage nach der erstmaligen Nutzung der Finanzprodukte ebenfalls die Antwortmöglichkeit, dass in diesem Zeitraum kein Geld gespart wurde. Bei dieser Frage gaben 10,29% der Befragten an, in diesem Zeitraum nicht gespart zu haben (N = 39). Im Gegensatz zur Frage nach der erstmaligen Nutzung eines Produkts beträgt die Differenz 7,12% (N = 27). 35,09% der Befragten gaben an, nichts am Spar- und Investitionsverhalten geändert zu haben (N = 133)

Die Häufigkeitsverteilung bei dieser Frage zeigt höhere Wert auf, als in der vorangegangenen Frage. Die Ergebnisse können auch in der weiteren Betrachtung der Zusammenhänge weiter berücksichtigt werden. Ein zufälliges Auftreten ist in dieser Konstellation eher unwahrscheinlich.

Die Auswahloption „Andere" wurde in 2,1% der Fälle angegeben (N = 8). Der Vollständigkeit halber werden auch diese Angaben in Tabelle 9.11 dargestellt, im weiteren Verlauf der Ausarbeitung jedoch nicht weiter berücksichtigt.

Tabelle 9.11 Verstärkt während Corona-Pandemie genutzt / gekauft (Freitextangaben)

Produkte Verstärkt: Andere (offene Eingabe)

		Häufigkeit	Prozent	Gültige Prozente	Kumulierte Prozente
Gültig		372	98,2	98,2	98,2
	Bargeld	1	,3	,3	98,4
	Derivate	1	,3	,3	98,7
	ETC ÖL	1	,3	,3	98,9
	Hebelzertifikate	1	,3	,3	99,2
	Keine Änderung	1	,3	,3	99,5
	Keine Veränderung	1	,3	,3	99,7
	Optionsscheine	1	,3	,3	100,0
	Gesamt	379	100,0	100,0	

Quelle: SPSS Datenexport auf Basis der erhobenen Daten

Die Darstellung der Anteile der einzelnen Produkte, die während der Corona-Pandemie im betrachteten Zeitraum verstärkt genutzt / gekauft wurden, erfolgt in Abbildung 9.4.

Abbildung 9.4 Verstärkt während der Corona-Pandemie genutzte / gekaufte Finanzprodukte

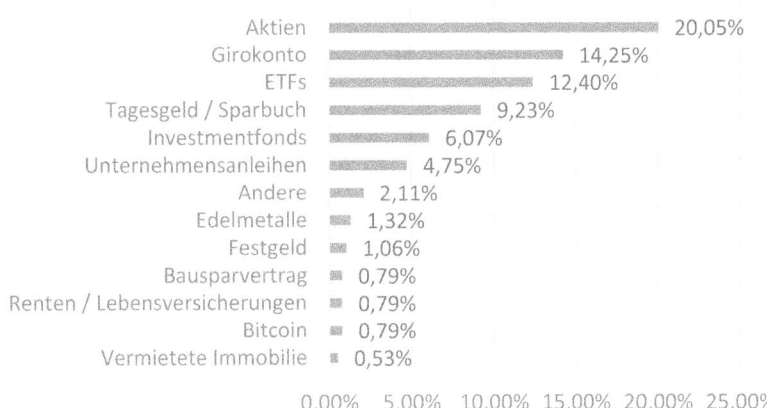

Quelle: Eigene Darstellung auf Basis der erhobenen Daten

Auf die Frage, ob die Probanden im Zuge der Corona-Pandemie Handelspositionen geschlossen haben, um Gewinne zu sichern, antworteten lediglich 8,9% mit „Ja" (N = 31) und insgesamt 49% mit „Nein" (N = 170). Zu Beginn der Corona-Pandemie waren 42,1% der Befragten nicht investiert (N = 146).

Auf die Frage, ob die Befragten im Zuge der Corona-Pandemie Handelspositionen geschlossen haben, um Verluste zu begrenzen, antworteten lediglich 6,4% der Befragten mit „Ja" (N = 22) und 50,9% mit „Nein" (N = 176). Bei dieser Frage gaben 42,8%

der Befragten an, vorher nicht investiert gewesen zu sein (N = 148).

Die Fragen zur Gewinnabsicherung und zur Verlustminimierung stellten Indikatorfragen für eine bessere Einordnungsmöglichkeit der Ergebnisse in den Gesamtkontext dar. Die Auswertung der Daten zeigt, dass nur ein geringer Anteil der Befragten Handelspositionen geschlossen hat. Die Werte zeigen auf Basis des angegebenen Verhaltens außerdem, dass eine mögliche drohende Korrektur an den Finanzmärkten überwiegend von den Befragten akzeptiert wird.

Für die Angabe der Sparziele konnten mehrere Antwortmöglichkeiten ausgewählt werden. Das am häufigsten genannte Sparziel ist die finanzielle Rücklage für Notfälle mit einem Anteil von 59,63% (N = 226). An zweiter Stelle befindet sich mit 56,99% die geplante Anschaffung bzw. Konsumausgaben (N = 216) und an dritter Stelle mit einem Anteil von 48,02% der Vermögensaufbau und die Generierung von laufenden Einkünften (N = 182).

Die Geldrücklage für Notfälle und Konsumausgaben könnten eine mögliche Erklärung für die Wahl von konservativen und sicheren Finanzprodukten trotz niedriger bzw. nicht vorhandener Verzinsung darstellen. Hier ist davon auszugehen, dass die Liquidität der Geldanlage im Fokus steht und die zugehörige Gewissheit, welcher Betrag konkret zu einem bestimmten Zeitpunkt zur Verfügung steht. Die Langfristigen Anlageziele mit einem Anteil von 48,02% können als ein möglicher Grund für Wahl von renditestärkeren Finanzprodukten sein, die gleichzeitig ein gewisses Risiko bergen.

Die sonstigen Angaben sind mit einem Anteil von 6,07% vertreten (N = 23). Die in diesem Zusammenhang erfassten Eingaben betreffen in 5 Fällen das Abbezahlen eines Kredits, in 10 Fällen die Altersvorsorge, in 3 Fällen die Ausbildung/Weiterbildung und folgende Einzelangaben: „ein gutes Leben", „Für meine Enkelkinder", „Möchte von Kapitalerträgen meine Fixkosten decken", „Unternehmerische Projekte". Auch in diesem Fall ist die Verteilung der Freitextantworten sehr gering ausgeprägt und wird in der weiteren Betrachtung nicht weiter berücksichtigt.

Abbildung 9.5 Sparziele Übersicht

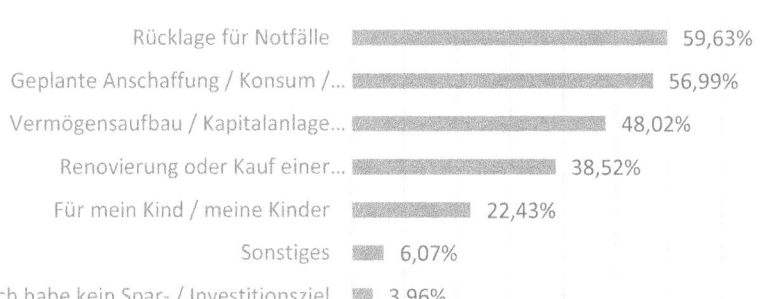

Quelle: Eigene Darstellung auf Basis der erhobenen Daten

Bei der Höhe des Sparbetrags gaben 22,6% der Befragten an, zwischen 0-10% ihres Nettoeinkommens zu sparen (N = 76). Insgesamt ein Anteil von 30,7% der Befragten, und damit die größte Gruppe, sparen 11-20% ihres Nettoeinkommens (N = 103). 26,8% der Befragten gaben an, dass Sie 21-30% ihres Nettoeinkommens sparen (N = 90).

Werden die größten drei Gruppen gemeinsam betrachtet, so gaben 80,1% der Befragten einen Sparbetrag zwischen 0-30% an (N = 269).

Die vollständige Darstellung der Häufigkeiten zum Sparbetrag erfolgt in Tabelle 9.12.

Tabelle 9.12 Häufigkeiten Sparbetrag

Sparbetrag

		Häufigkeit	Prozent	Gültige Prozente	Kumulierte Prozente
Gültig	0% - 10%	76	20,1	22,6	22,6
	11% - 20%	103	27,2	30,7	53,3
	21% - 30%	90	23,7	26,8	80,1
	31% - 40%	30	7,9	8,9	89,0
	41% - 50%	19	5,0	5,7	94,6
	51% - 60%	8	2,1	2,4	97,0
	61% - 70%	8	2,1	2,4	99,4
	71% - 80%	2	,5	,6	100,0
	Gesamt	336	88,7	100,0	
Fehlend	Keine Angabe	20	5,3		

	System	23	6,1
	Gesamt	43	11,3
Gesamt		379	100,0

Quelle: SPSS Datenexport auf Basis der erhobenen Daten

Auf die Frage, ob sich das Sparverhalten durch die Corona-Pandemie verändert hat, gaben 63,6% der Befragten an, dass durch die Corona-Pandemie keine Veränderung im Sparverhalten stattgefunden hat (N = 224). 24,4% der Befragten gaben hingegen an, dass sie in Zeiten der Corona-Pandemie mehr sparen bzw. investieren (N = 86). Lediglich 3,4% der Befragten pausieren mit dem Sparen (N = 12). Mit dem Sparen haben angefangen haben in diesem Zeitraum 2,6% der Befragten (N = 9).

Für die Darstellung der Häufigkeiten zu den Items „Aussagen zu Geldanlagen" wird jedes Item einzeln unter Berücksichtigung des Mittelwerts, des Medians und der Standardabweichung betrachtet. Dies dient der besseren Nachvollziehbarkeit der Berechnungen in Kapitel 9.4.2.

Das initial zu betrachtende Item ist das Item mit der Aussage: „Ich habe Bedenken, dass ich bei einem Börsencrash (z.B. einer Finanzkrise) den Großteil meines investierten Geldes verliere". Dieses Item wird im Rahmen der Betrachtung der Häufigkeiten dargestellt, findet in den Berechnungen in Kapitel 9.4.2 keine zusammenhängende Berücksichtigung (vgl. Kapitel 9.1).

Die Antwortoption „Stimme überhaupt nicht zu" eines jeden Items der Aussagen zu Geldanlagen erhält den Wert 1 und die

Antwortoption „Stimme voll und ganz zu" erhält den Wert 6. Damit ergibt sich eine ordinale Skala mit den Werten von 1-6. Zusätzlich wird in der Darstellung der Ergebnisse die Kategorisierung der Werte 1-3 für „Ablehnung" und der Werte 4-6 für „Zustimmung" vorgenommen. Die kategorisierten Werte sind jeweils unterhalb der nachfolgenden Tabellen dargestellt.

Tabelle 9.13 Häufigkeitsverteilung des Items „Börsencrash - Risiko"

Ich habe Bedenken, dass ich bei einem Börsencrash (z.B. einer Finanzkrise) den Großteil meines investierten Geldes verliere.

		Häufigkeit	Prozent	Gültige Prozente	Kumulierte Prozente
Gültig	Stimme überhaupt nicht zu	75	19,8	24,3	24,3
	2	90	23,7	29,1	53,4
	3	50	13,2	16,2	69,6
	4	44	11,6	14,2	83,8
	5	30	7,9	9,7	93,5
	Stimme voll und ganz zu	20	5,3	6,5	100,0
	Gesamt	309	81,5	100,0	
Fehlend	Weiß nicht	29	7,7		
	System	41	10,8		
	Gesamt	70	18,5		
Gesamt		379	100,0		

Quelle: SPSS Datenexport auf Basis der erhobenen Daten

Der Mittelwert des Items „Börsencrash – Risiko" beträgt 2,75. Der Median entspricht dem Wert 2. Die Standardabweichung beträgt 1,524.

Kategorisierte Werte: Ablehnung: 69,6%; Zustimmung: 30,4%

Tabelle 9.14 Häufigkeitsverteilung des Items „Börsencrash – Chance"

Ein Börsencrash/starke Marktkorrektur ist für mich der perfekte Zeitpunkt, um Wertpapiere günstig zu kaufen/nachzukaufen

		Häufigkeit	Prozent	Gültige Prozente	Kumulierte Prozente
Gültig	Stimme überhaupt nicht zu	32	8,4	11,8	11,8
	2	27	7,1	10,0	21,8
	3	22	5,8	8,1	29,9
	4	28	7,4	10,3	40,2
	5	73	19,3	26,9	67,2
	Stimme voll und ganz zu	89	23,5	32,8	100,0
	Gesamt	271	71,5	100,0	
Fehlend	Weiß nicht	67	17,7		
	System	41	10,8		
	Gesamt	108	28,5		
Gesamt		379	100,0		

Quelle: SPSS Datenexport auf Basis der erhobenen Daten

Der Mittelwert des Items „Börsencrash – Chance" beträgt 4,29. Der Median entspricht dem Wert 5. Die Standardabweichung beträgt 1,747.

Kategorisierte Werte: Ablehnung: 29,9%; Zustimmung: 70,1%

Tabelle 9.15 Häufigkeitsverteilung des Items „Überdurchschnittliche Rendite"

Ich versuche Anlagemöglichkeiten zu finden, bei denen die Chance auf überdurchschnittlichen Gewinn besteht, auch wenn das heißt, dass ich mein eingesetztes Geld dabei verlieren kann.

		Häufigkeit	Prozent	Gültige Prozente	Kumulierte Prozente
Gültig	Stimme überhaupt nicht zu	101	26,6	33,1	33,1
	2	51	13,5	16,7	49,8
	3	38	10,0	12,5	62,3
	4	62	16,4	20,3	82,6
	5	34	9,0	11,1	93,8
	Stimme voll und ganz zu	19	5,0	6,2	100,0
	Gesamt	305	80,5	100,0	
Fehlend	Weiß nicht	33	8,7		
	System	41	10,8		
	Gesamt	74	19,5		
Gesamt		379	100,0		

Quelle: SPSS Datenexport auf Basis der erhobenen Daten

Der Mittelwert des Items „Überdurchschnittliche Rendite" beträgt 2,78. Der Median entspricht dem Wert 3. Die Standardabweichung beträgt 1,632.

Kategorisierte Werte: Ablehnung: 62,3%; Zustimmung: 37,3%

Tabelle 9.16 Häufigkeitsverteilung des Items „Geldanlage – Sicherheit"

Ich bin nur bereit Geld anzulegen / zu investieren, wenn ich genau weiß, welches Geld mir nach Ablauf des Anlagezeitraums zur Verfügung steht

		Häufigkeit	Prozent	Gültige Prozente	Kumulierte Prozente
Gültig	Stimme überhaupt nicht zu	49	12,9	15,4	15,4
	2	66	17,4	20,8	36,2
	3	55	14,5	17,3	53,5
	4	47	12,4	14,8	68,2
	5	53	14,0	16,7	84,9
	Stimme voll und ganz zu	48	12,7	15,1	100,0
	Gesamt	318	83,9	100,0	
Fehlend	Weiß nicht	20	5,3		
	System	41	10,8		
	Gesamt	61	16,1		
Gesamt		379	100,0		

Quelle: SPSS Datenexport auf Basis der erhobenen Daten

Der Mittelwert des Items „Geldanlage – Sicherheit" beträgt 3,42. Der Median entspricht dem Wert 3. Die Standardabweichung beträgt 1,683.

Kategorisierte Werte: Ablehnung: 53,5%; Zustimmung: 46,5%

Tabelle 9.17 Häufigkeitsverteilung des Items „Börse – Corona - Risiko"

Die Corona-Situation hat mir gezeigt, wie riskant der Handel an der Börse ist.

		Häufigkeit	Prozent	Gültige Prozente	Kumulierte Prozente
Gültig	Stimme überhaupt nicht zu	61	16,1	20,5	20,5
	2	55	14,5	18,5	38,9
	3	49	12,9	16,4	55,4
	4	44	11,6	14,8	70,1
	5	49	12,9	16,4	86,6
	Stimme voll und ganz zu	40	10,6	13,4	100,0
	Gesamt	298	78,6	100,0	
Fehlend	Weiß nicht	40	10,6		
	System	41	10,8		
	Gesamt	81	21,4		
Gesamt		379	100,0		

Quelle: SPSS Datenexport auf Basis der erhobenen Daten

Der Mittelwert des Items „Börse – Corona – Risiko" beträgt 3,29. Der Median entspricht dem Wert 3. Die Standardabweichung beträgt 1,716.

Kategorisierte Werte: Ablehnung: 55,4%; Zustimmung: 44,6%

Tabelle 9.18 Häufigkeitsverteilung des Items „Börse – Corona - Chance"

Durch die Corona-Situation sind interessante Investitionsmöglichkeiten entstanden.

		Häufigkeit	Prozent	Gültige Prozente	Kumulierte Prozente
Gültig	Stimme überhaupt nicht zu	23	6,1	8,3	8,3
	2	23	6,1	8,3	16,6
	3	29	7,7	10,5	27,1
	4	44	11,6	15,9	43,0
	5	91	24,0	32,9	75,8
	Stimme voll und ganz zu	67	17,7	24,2	100,0
	Gesamt	277	73,1	100,0	
Fehlend	Weiß nicht	61	16,1		
	System	41	10,8		
	Gesamt	102	26,9		
Gesamt		379	100,0		

Quelle: SPSS Datenexport auf Basis der erhobenen Daten

Der Mittelwert des Items „Börse – Corona – Chance" beträgt 4,29. Der Median entspricht dem Wert 5. Die Standardabweichung beträgt 1,550.

Kategorisierte Werte: Ablehnung: 27,1%; Zustimmung: 72,9%

Tabelle 9.19 Häufigkeitsverteilung des Items „Geldanlagen - Liquidität"

Für mich ist es wichtig, jederzeit an mein angelegtes Geld zu gelangen.

		Häufigkeit	Prozent	Gültige Prozente	Kumulierte Prozente
Gültig	Stimme überhaupt nicht zu	21	5,5	6,4	6,4
	2	61	16,1	18,7	25,1
	3	39	10,3	11,9	37,0
	4	73	19,3	22,3	59,3
	5	64	16,9	19,6	78,9
	Stimme voll und ganz zu	69	18,2	21,1	100,0
	Gesamt	327	86,3	100,0	
Fehlend	nicht beantwortet	1	,3		
	Weiß nicht	10	2,6		
	System	41	10,8		
	Gesamt	52	13,7		
Gesamt		379	100,0		

Quelle: SPSS Datenexport auf Basis der erhobenen Daten

Der Mittelwert des Items „Geldanlagen – Liquidität" beträgt 3,93. Der Median entspricht dem Wert 4. Die Standardabweichung beträgt 1,577.

Kategorisierte Werte: Ablehnung: 37%; Zustimmung: 63%

Tabelle 9.20 Häufigkeitsverteilung des Items „Wertschwankung - Unruhe"

Bei Wertschwankungen meiner Geldanlagen werde ich unruhig.

		Häufigkeit	Prozent	Gültige Prozente	Kumulierte Prozente
Gültig	Stimme überhaupt nicht zu	50	13,2	16,6	16,6
	2	86	22,7	28,5	45,0
	3	51	13,5	16,9	61,9
	4	37	9,8	12,3	74,2
	5	43	11,3	14,2	88,4
	Stimme voll und ganz zu	35	9,2	11,6	100,0
	Gesamt	302	79,7	100,0	
Fehlend	Weiß nicht	36	9,5		
	System	41	10,8		
	Gesamt	77	20,3		
Gesamt		379	100,0		

Quelle: SPSS Datenexport auf Basis der erhobenen Daten

Der Mittelwert des Items „Wertschwankung – Unruhe" beträgt 3,14. Der Median entspricht dem Wert 3. Die Standardabweichung beträgt 1,635

Kategorisierte Werte: Ablehnung: 61,9%; Zustimmung: 38,1%

Tabelle 9.21 Häufigkeitsverteilung des Items „Wertschwankung - Gelassenheit"

Bei Wertschwankungen meiner Geldanlagen bleibe ich entspannt.

		Häufigkeit	Prozent	Gültige Prozente	Kumulierte Prozente
Gültig	Stimme überhaupt nicht zu	34	9,0	11,2	11,2
	2	50	13,2	16,4	27,6
	3	38	10,0	12,5	40,1
	4	58	15,3	19,1	59,2
	5	85	22,4	28,0	87,2
	Stimme voll und ganz zu	39	10,3	12,8	100,0
	Gesamt	304	80,2	100,0	
Fehlend	Weiß nicht	34	9,0		
	System	41	10,8		
	Gesamt	75	19,8		
Gesamt		379	100,0		

Quelle: SPSS Datenexport auf Basis der erhobenen Daten

Der Mittelwert des Items „Wertschwankung – Gelassenheit" beträgt 3,75. Der Median entspricht dem Wert 4. Die Standardabweichung beträgt 1,589

Kategorisierte Werte: Ablehnung: 40,1%; Zustimmung: 59,9%.

Tabelle 9.22 Häufigkeitsverteilung des Items „Investiertes Kapital"

Es ist mir wichtig, dass der Wert meiner Geldanlage nicht unter den Betrag fallen kann, den ich eingesetzt habe.

		Häufigkeit	Prozent	Gültige Prozente	Kumulierte Prozente
Gültig	Stimme überhaupt nicht zu	30	7,9	9,4	9,4
	2	56	14,8	17,6	27,0
	3	42	11,1	13,2	40,1
	4	43	11,3	13,5	53,6
	5	60	15,8	18,8	72,4
	Stimme voll und ganz zu	88	23,2	27,6	100,0
	Gesamt	319	84,2	100,0	
Fehlend	Weiß nicht	19	5,0		
	System	41	10,8		
	Gesamt	60	15,8		
Gesamt		379	100,0		

Quelle: SPSS Datenexport auf Basis der erhobenen Daten

Der Mittelwert des Items „Investiertes Kapital" beträgt 3,97. Der Median entspricht dem Wert 4. Die Standardabweichung beträgt 1,726

Kategorisierte Werte: Ablehnung: 40,1%; Zustimmung: 59,9%

Tabelle 9.23 Häufigkeitsverteilung des Items „Finanzmärkte - Komplexität"

Der Handel an den Finanzmärkten ist mir zu kompliziert.

		Häufigkeit	Prozent	Gültige Prozente	Kumulierte Prozente
Gültig	Stimme überhaupt nicht zu	69	18,2	21,2	21,2
	2	58	15,3	17,8	39,0
	3	48	12,7	14,7	53,7
	4	60	15,8	18,4	72,1
	5	43	11,3	13,2	85,3
	Stimme voll und ganz zu	48	12,7	14,7	100,0
	Gesamt	326	86,0	100,0	
Fehlend	Weiß nicht	12	3,2		
	System	41	10,8		
	Gesamt	53	14,0		
Gesamt		379	100,0		

Quelle: SPSS Datenexport auf Basis der erhobenen Daten

Der Mittelwert des Items „Finanzmärkte – Komplexität" beträgt 3,29. Der Median entspricht dem Wert 3. Die Standardabweichung beträgt 1,728.

Kategorisierte Werte: Ablehnung: 53,7%; Zustimmung: 46,3%.

Tabelle 9.23 Häufigkeitsverteilung des Items „Finanzmärkte - Fachwissen"

Mir fehlt das Wissen, wie man an den Finanzmärkten investiert.

		Häufigkeit	Prozent	Gültige Prozente	Kumulierte Prozente
Gültig	Stimme überhaupt nicht zu	67	17,7	20,4	20,4
	2	59	15,6	17,9	38,3
	3	47	12,4	14,3	52,6
	4	48	12,7	14,6	67,2
	5	51	13,5	15,5	82,7
	Stimme voll und ganz zu	57	15,0	17,3	100,0
	Gesamt	329	86,8	100,0	
Fehlend	Weiß nicht	9	2,4		
	System	41	10,8		
	Gesamt	50	13,2		
Gesamt		379	100,0		

Quelle: SPSS Datenexport auf Basis der erhobenen Daten

Der Mittelwert des Items „Finanzmärkte – Fachwissen" beträgt 3,29. Der Median entspricht dem Wert 3. Die Standardabweichung beträgt 1,783.

Kategorisierte Werte: Ablehnung: 52,6%; Zustimmung: 47,4%

Tabelle 9.24 Häufigkeitsverteilung des Items „Finanzielle Risiken - Nervenkitzel"

Ich mag den Nervenkitzel, wenn ich finanzielle Risiken eingehe.

		Häufigkeit	Prozent	Gültige Prozente	Kumulierte Prozente
Gültig	Stimme überhaupt nicht zu	145	38,3	45,6	45,6
	2	70	18,5	22,0	67,6
	3	35	9,2	11,0	78,6
	4	43	11,3	13,5	92,1
	5	20	5,3	6,3	98,4
	Stimme voll und ganz zu	5	1,3	1,6	100,0
	Gesamt	318	83,9	100,0	
Fehlend	Weiß nicht	20	5,3		
	System	41	10,8		
	Gesamt	61	16,1		
Gesamt		379	100,0		

Quelle: SPSS Datenexport auf Basis der erhobenen Daten

Der Mittelwert des Items „Finanzielle Risiken – Nervenkitzel" beträgt 2,18. Der Median entspricht dem Wert 2. Die Standardabweichung beträgt 1,783.

Kategorisierte Werte: Ablehnung: 78,6%; Zustimmung: 21,4%.

Tabelle 9.24 Häufigkeitsverteilung des Items „Finanzielle Risiken - Unwohlsein"

Wenn ich bei einer Geldanlage Geld verliere, fühle ich mich unwohl.

		Häufigkeit	Prozent	Gültige Prozente	Kumulierte Prozente
Gültig	Stimme überhaupt nicht zu	13	3,4	4,1	4,1
	2	35	9,2	11,1	15,2
	3	43	11,3	13,6	28,8
	4	56	14,8	17,7	46,5
	5	80	21,1	25,3	71,8
	Stimme voll und ganz zu	89	23,5	28,2	100,0
	Gesamt	316	83,4	100,0	
Fehlend	Weiß nicht	22	5,8		
	System	41	10,8		
	Gesamt	63	16,6		
Gesamt		379	100,0		

Quelle: SPSS Datenexport auf Basis der erhobenen Daten

Der Mittelwert des Items „Finanzielle Risiken – Unwohlsein" beträgt 4,34. Der Median entspricht dem Wert 5. Die Standardabweichung beträgt 1,491.

Kategorisierte Werte: Ablehnung: 28.8%; Zustimmung: 71,2%.

Die abschließende Kategorie des Fragebogens bezog sich auf die eigene Einschätzung zur Risikobereitschaft bei Geldanlagen. Dieser Teil beinhaltet die Fragen, welcher Teil des Einkommens risikobehaftet bzw. sicher angelegt werden soll und welche Marktschwankungen akzeptiert werden. Auch die Ergebnisse zu diesen Fragen werden einzeln dargestellt, um die Nachvollziehbarkeit der Zusammenhänge in Kapitel 9.4.2 sicherzustellen.

Bei der Frage nach der Risikobereitschaft bei Geldanlagen konnten sich die Befragten auf einer Skala von 0-10 positionieren, wobei der Wert „0" für gar nicht risikobereit steht und der Wert „10" für sehr risikobereit.

Mit einem Anteil von 19,3% ist der am häufigsten gewählte Wert „7" (N = 65). Das Spektrum der Werte zeigt eine Verteilung über die komplette Skala hinweg. Die Werte 1-3 bilden einen Anteil von 35,4% (N = 119). Der Bereich von 5-7 weist sogar einen Anteil von 43,7% auf (N = 147).

Abbildung 9.6 Häufigkeitsverteilung Risikobereitschaft Geldanlagen

Quelle: Eigene Darstellung auf Basis der erhobenen Daten

Tabelle 9.25 Häufigkeitsverteilung Risikobereitschaft bei Geldanlagen

Risikobereitschaft Geldanlagen

		Häufigkeit	Prozent	Gültige Prozente	Kumulierte Prozente
Gültig	0	14	3,7	4,2	4,2
	1	38	10,0	11,3	15,5
	2	35	9,2	10,4	25,9
	3	46	12,1	13,7	39,6
	4	21	5,5	6,3	45,8
	5	36	9,5	10,7	56,5
	6	46	12,1	13,7	70,2
	7	65	17,2	19,3	89,6
	8	25	6,6	7,4	97,0

			9	6	1,6	1,8	98,8
			10	4	1,1	1,2	100,0
			Gesamt	336	88,7	100,0	
	Fehlend	nicht beantwortet		2	,5		
		System		41	10,8		
		Gesamt		43	11,3		
Gesamt				379	100,0		

Quelle: SPSS Datenexport auf Basis der erhobenen Daten

Der Mittelwert des Items „Risikobereitschaft – Geldanlagen" beträgt 5,57. Der Median entspricht dem Wert 6. Die Standardabweichung beträgt 2,529.

Auf die Frage, welchen Anteil die Befragten bereit wären zu riskieren, wenn überdurchschnittliche Renditen erreicht werden können, zeigt sich eine deutliche, abflachende Verteilung.

Die Gruppe der Befragten, die 0-10% ihres Gesamtvermögens riskant anlegen würde, belegt einen Anteil von 28,8% (N = 109). Lediglich 5% der Befragten würden 50% oder mehr ihres Gesamtvermögens in riskante Anlageformen investieren. Insgesamt 91,9% der Befragten würden 0-30% Ihres Gesamtvermögens riskant anlegen.

Tabelle 9.26 Häufigkeitsverteilung Risikoanteil - Gesamtvermögen

Risikoanteil Gesamtvermögen

		Häufigkeit	Prozent	Gültige Prozente	Kumulierte Prozente
Gültig	0-10%	109	28,8	34,1	34,1
	10%	81	21,4	25,3	59,4
	20%	69	18,2	21,6	80,9
	30%	35	9,2	10,9	91,9
	40%	10	2,6	3,1	95,0
	50%	6	1,6	1,9	96,9
	60%	6	1,6	1,9	98,8
	80%	2	,5	,6	99,4
	90%	1	,3	,3	99,7
	100%	1	,3	,3	100,0
	Gesamt	320	84,4	100,0	
Fehlend	nicht beantwortet	3	,8		
	Kann ich nicht beurteilen	13	3,4		
	System	43	11,3		
	Gesamt	59	15,6		
Gesamt		379	100,0		

Quelle: SPSS Datenexport auf Basis der erhobenen Daten

Der Mittelwert des Items „Risikoanteil – Gesamtvermögen" beträgt 2,45. Der Median entspricht dem Wert 2. Die Standardabweichung beträgt 1,614.

Auf die Frage, welcher Anteil des Gesamtvermögens risikofrei angelegt werden sollte, zeigt sich ein wesentlich differenzierteres Antwortenspektrum. Die meisten Befragten gaben an, dass 50% des Vermögens sicher angelegt sein sollen (N = 42).

Tabelle 9.27 Häufigkeitsverteilung Risikofreier Anteil – Gesamtvermögen

Anteil sichere Anlage

		Häufigkeit	Prozent	Gültige Prozente	Kumulierte Prozente
Gültig	0-10%	21	5,5	6,6	6,6
	10%	26	6,9	8,2	14,9
	20%	32	8,4	10,1	25,0
	30%	27	7,1	8,5	33,5
	40%	22	5,8	7,0	40,5
	50%	42	11,1	13,3	53,8
	60%	31	8,2	9,8	63,6
	70%	39	10,3	12,3	75,9
	80%	39	10,3	12,3	88,3
	90%	33	8,7	10,4	98,7
	100%	4	1,1	1,3	100,0
	Gesamt	316	83,4	100,0	
Fehlend	nicht beantwortet	2	,5		
	Kann ich nicht beurteilen	17	4,5		
	System	44	11,6		
	Gesamt	63	16,6		

Gesamt		379	100,0

Quelle: SPSS Datenexport auf Basis der erhobenen Daten

Der Mittelwert für das Item „Risikofreier Anteil – Gesamtvermögen" beträgt 5,99. Der Median entspricht einem Wert von 6. Die Standardabweichung beträgt 2,831.

Auf die Frage nach der akzeptierten Marktschwankung zeigt sich erneut ein deutlicheres Bild. 94% der gemachten Angaben liegen zwischen 0% und 50%. Innerhalb der 50% zeigen sich jedoch unterschiedliche Verteilungen.

Tabelle 9.28 Häufigkeitsverteilung Risikofreier Anteil – Gesamtvermögen

Akzeptierte Marktschwankung

		Häufigkeit	Prozent	Gültige Prozente	Kumulierte Prozente
Gültig	0-10%	57	15,0	20,2	20,2
	10%	33	8,7	11,7	31,9
	20%	73	19,3	25,9	57,8
	30%	53	14,0	18,8	76,6
	40%	23	6,1	8,2	84,8
	50%	26	6,9	9,2	94,0
	60%	6	1,6	2,1	96,1
	70%	4	1,1	1,4	97,5
	80%	4	1,1	1,4	98,9
	100%	3	,8	1,1	100,0
	Gesamt	282	74,4	100,0	

Fehlend	nicht beantwortet	3	,8
	Kann ich nicht beurteilen	49	12,9
	System	45	11,9
	Gesamt	97	25,6
Gesamt		379	100,0

Quelle: SPSS Datenexport auf Basis der erhobenen Daten

Der Mittelwert des Items „Risikofreier Anteil – Gesamtvermögen" beträgt 3,43. Der Median entspricht dem Wert 3. Die Standardabweichung beträgt 1,996.

9.4.2. Zusammenhangsanalysen

Aus der alleinigen Betrachtung der Häufigkeiten heraus lassen sich bereits einige Anomalien im Vergleich zu bisherigen Publikationen feststellen. Auch wenn einige der Daten einzeln betrachtet bereits aussagekräftige Ergebnisse darstellen, ermöglicht die Untersuchung von Zusammenhängen eine differenziertere Betrachtung des Anlageverhaltens von Privatinvestoren in Zeiten der Corona-Pandemie.

Aus diesem Grund werden die zur Verfügung stehenden Daten auf etwaige Zusammenhänge hin überprüft. Zwar stehen insbesondere die im betrachteten Zeitraum erstmalig und verstärkt gekauften/genutzten Finanzprodukte im Fokus, für die

Gesamtanalyse ist es jedoch erforderlich, die Untersuchung aus verschiedenen Perspektiven durchzuführen.

Um die Zusammenhangsanalyse durchführen zu können, wurden als erstes die grundsätzlich genutzten Finanzprodukte in die Kategorien „Risikolos" und „Riskant" aufgeteilt (vgl. Kapitel 8.2.2). Die zwei Kategorien enthalten damit jeweils nur noch die Ausprägungen „gewählt" und „nicht gewählt".

Die erste Betrachtung erfolgt im Kontext der Risikobereitschaft bei Geldanlagen. Anschließend wurde die 11-stufige-Likert-Skala der persönlichen Risikoeinschätzung der Kategorie riskante Finanzprodukte innerhalb einer Kreuztabelle gegenübergestellt. Die Auswertung über das Bestehen eines Zusammenhangs erfolgte anschließend mittels des Chi-Quadrat-Tests unter Berücksichtigung eines Signifikanzniveaus von 5%.

Abbildung 9.7 Zusammenhangsanalyse Genutzte Finanzprodukte / Risikoeinschätzung

Quelle: Eigene Darstellung auf Basis der erhobenen Daten

Abbildung 9.7 zeigt die Verteilung der Fälle, in denen die Befragten angegeben haben, riskante Finanzprodukte zu nutzen, im Zusammenhang mit der 11-stufigen-Likert-Skala zur Einschätzung der persönlichen Risikobereitschaft bei Geldanlagen.

Aus der Betrachtung des Graphen heraus zeigt sich ein steigender Verlauf bis zum Wert 7. Danach folgt ein abnehmender Verlauf bis zum Wert 10. Der Chi-Quadrat-Test bestätigt ebenfalls, dass unter Berücksichtigung des Signifikanzniveaus von 5% ein statistischer Zusammenhang besteht.

Tabelle 9.29 Chi-Quadrat-Test Produkte / Risiko

Chi-Quadrat-Tests nach Pearson

		Grundsätzlich genutzte Finanzprodukte Risiko
Risikobereitschaft Geldanlagen	Chi-Quadrat	81,769
	df	20
	Sig.	,000*

Die Ergebnisse beruhen auf den nicht leeren Zeilen und Spalten der innersten Untertabellen.

*. Die Chi-Quadrat-Statistik ist auf dem Niveau ,05 signifikant.

Quelle: SPSS Datenexport auf Basis der erhobenen Daten

Die gleiche Untersuchung eines möglichen Zusammenhangs wurde für die persönliche Risikoeinschätzung und die während der Corona-Pandemie erstmalig genutzten Produkte durchgeführt. Die Auswertung liefert auf Grund der Größe der Stichprobe jedoch kein zuverlässiges Ergebnis. Lediglich in 49 Fällen wurden erstmalig neue Produkte erworben bzw. genutzt. Eine valide Aussage über einen signifikanten Zusammenhang kann unter Berücksichtigung der Stichprobengröße daher nicht getroffen werden. Ein etwaiger Zusammenhang würde auf Basis der verfügbaren Daten auf 49 Fällen beruhen und könnte damit im ungünstigsten Fall auch zufällig entstanden sein.

Zwar zeigt sich eine Verdichtung der Werte um den Risikowert 7 herum, allerdings enthalten zu viele Zellen einen Wert < 5, als dass eine allgemeingültige Aussage zum Zusammenhang getroffen werden könnte.

Die einzige valide Aussage, die in diesem Zusammenhang bei dem vorliegenden Ergebnis getroffen werden kann, ist, dass sich die Verteilung der Werte bei den Risikowerten 6-8 so verhält wie die Werte des in Abbildung 9.7 dargestellten Graphen.

Bei den Angaben zu verstärkt genutzten Finanzprodukten während des betrachteten Zeitraums ist die Stichprobe größer, sodass sich bei dieser Auswertung u.U. aussagekräftigere Ergebnisse ergeben können.

Tabelle 9.30 Zusammenhangsanalyse Risikoeinschätzung / Finanzprodukte erstmalig

		Erstmalig riskante Finanzprodukte	
		nicht gewählt	ausgewählt
		Anzahl	Anzahl
Risikobereitschaft Geldanlagen	0	14	<5
	1	38	<5
	2	35	<5
	3	46	<5
	4	21	<5
	5	36	<5
	6	46	8
	7	65	21
	8	25	8
	9	6	<5

	10	<5	<5
	Gesamt	336	49

Quelle: SPSS Datenexport auf Basis der erhobenen Daten

Aus diesem Grund wurde die gleiche Untersuchung des Zusammenhangs ebenfalls für die Finanzprodukte vorgenommen, die von den Befragten im betrachteten Zeitraum verstärkt genutzt bzw. gekauft wurden. Die in Tabelle 9.31 dargestellten Daten zeigen eine ähnliche Verteilung, wie die Daten in den vorherig durchgeführten Zusammenhangsanalysen. Die Werte konzentrieren sich um den Wert 7 herum, der den höchsten Wert in der Verteilung aufweist.

Die Stichprobe für die verstärkt genutzten Finanzprodukte ist mit 106 Fällen hingegen größer als die vorangegangene und somit ausreichend, um diese auf einen statistischen Zusammenhang hin zu überprüfen.

Tabelle 9.31 Zusammenhangsanalyse Risikoeinschätzung / Finanzprodukte verstärkt

		Corona verstärkt gekauft oder genutzt	
		nicht gewählt	ausgewählt
		Anzahl	Anzahl
Risikobereitschaft Geldanlagen	0	14	<5
	1	38	<5
	2	35	<5
	3	46	7

	4	21	7
	5	36	8
	6	46	20
	7	65	37
	8	25	18
	9	6	<5
	10	<5	<5
	Gesamt	336	106

Quelle: SPSS Datenexport auf Basis der erhobenen Daten

Auf Basis der vorliegenden Daten existiert ein Zusammenhang zwischen der persönlichen Risikoeinschätzung und den verstärkt genutzten Finanzprodukten im betrachteten Zeitraum.

Das Ergebnis wird durch den Chi-Quadrat-Tests ebenfalls bestätigt.

Tabelle 9.32 Chi-Quadrat-Test Risikoeinschätzung / Finanzprodukte verstärkt

Chi-Quadrat-Tests nach Pearson

		Corona verstärkt gekauft oder genutzt
Risikobereitschaft Geldanlagen	Chi-Quadrat	90,224
	df	20
	Sig.	,000*

Die Ergebnisse beruhen auf den nicht leeren Zeilen und Spalten der innersten Untertabellen.

*. Die Chi-Quadrat-Statistik ist auf dem Niveau ,05 signifikant.

Quelle: SPSS Datenexport auf Basis der erhobenen Daten

Als nächstes soll untersucht werden, ob sich das Verhalten von den Befragten, die riskante Finanzprodukte nutzen, von dem Verhalten der Befragten unterscheidet, die keine riskanten Finanzprodukte nutzen. Um diesen Sachverhalt zu untersuchen werden die kategorisierten Antworten der Kategorie „Riskantes Produkt" den Antworten aus dem Item „Risikoanteil – Gesamtvermögen" in einer Kreuztabelle gegenübergestellt. Dabei werden die Fälle, in denen min. 1 riskantes Finanzprodukt ausgewählt wurde, mit 1 gezählt. Jeder Fall, bei dem kein riskantes Produkt ausgewählt wurde, erhält den Wert 0. Die Variablen wurden entsprechend umcodiert.

Für die Befragten, die keine riskanten Produkte ausgewählt haben, handelt es sich hierbei um ein hypothetisches Szenario, bei dem jegliche Werte hätten gewählt werden können – Somit auch fiktive Werte in höheren Bereichen der Skala.

Die Auswertung zeigt allerdings, dass die Angaben zum Risikoanteil in beiden Gruppen einen ähnlichen Verlauf aufweisen. Die Werte der Befragten, die risikobehaftete Finanzprodukte nutzen, liegen zwar über denen der Befragten, die keine risikobehafteten Finanzprodukte nutzen, der Verlauf ist allerdings als ähnlich zu betrachten. Insbesondere ab einem Risikoanteil von 20% nehmen die Werte in beiden Gruppen stark ab.

Abbildung 9.8 Vergleich des Graphenverlaufs Risikoanteil Gesamtvermögen / Riskante Produkte

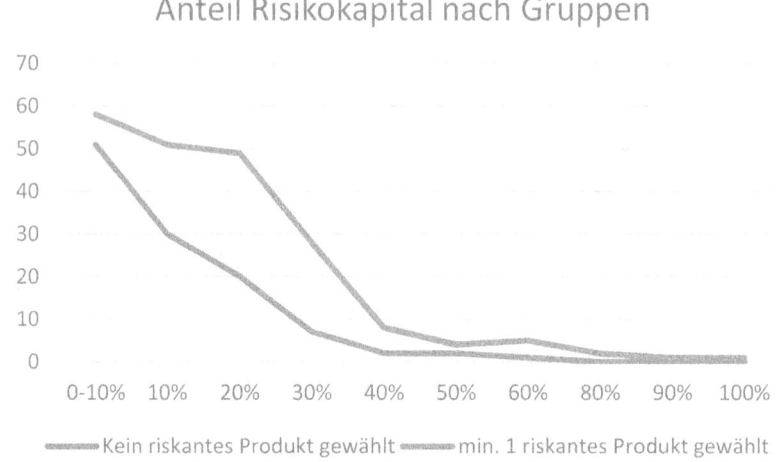

Quelle: Eigene Darstellung auf Basis der erhobenen Daten

Ein anderes Bild zeichnet sich ab, wenn die akzeptierte Marktschwankung betrachtet wird. Hierbei zeigt sich deutlich, dass die Gruppe der Befragten, die keine riskanten Finanzprodukte nutzt, wesentlich defensiver antwortet, als die Gruppe der Befragten, die riskante Finanzprodukte nutzt.

Selbst unter Nichtbeachtung der Bereiche, die weniger als 10 Fälle darstellen, konzentrieren sich die Werte in der Gruppe, die keine riskanten Finanzprodukte ausgewählt haben, im Bereich zwischen 0 – 20% tolerierte Marktschwankung.

In der Gruppe der Befragten, die riskante Finanzprodukte nutzen ist die Toleranz noch größer ausgeprägt. Die höchsten Werte liegen hier in den Bereichen 20% und 30% akzeptierte Marktschwankung.

Um festzustellen, ob es einen Zusammenhang zwischen der Risikobereitschaft und der akzeptierten Marktschwankung gibt, wurden die Werte der persönlichen Risikoeinschätzung mit den Werten zur Angabe der akzeptierten Marktschwankung überprüft.

Abbildung 9.9 Vergleich des Graphenverlaufs Marktschwankung / Riskante Produkte

Quelle: Eigene Darstellung auf Basis der erhobenen Daten

Unter Berücksichtigung der Skalenniveaus wurde für die Analyse der Zusammenhänge der Spearman Korrelationskoeffizient verwendet. Dieser zeigt mit einem Korrelationskoeffizienten von 0,522 ein signifikantes Ergebnis und bestätigt einen

Zusammenhang zwischen der persönlichen Risikoeinschätzung und der akzeptierten Marktschwankung.

Tabelle 9.33 Zusammenhang Risikoeinschätzung / Akzeptierte Marktschwankung

Korrelationen

		Risikobereitschaft Geldanlagen	Akzeptierte Marktschwankung
Risikobereitschaft Geldanlagen	Korrelationskoeffizient	1,000	,522**
	Sig. (2-seitig)	.	,000
	N	336	282
Akzeptierte Marktschwankung	Korrelationskoeffizient	,522**	1,000
	Sig. (2-seitig)	,000	.
	N	282	282

Quelle: SPSS Datenexport auf Basis der erhobenen Daten

In Kapitel 8.2.2 stellte sich die Frage nach einem möglichen Zusammenhang zwischen der Sparquote und der Wahl der jeweiligen Anlageprodukte. Für die Analyse eines möglichen Zusammenhangs wurde wie folgt vorgegangen. Die einzelnen Bereiche der Sparbetragsanteile wurden innerhalb einer Kreuztabelle der Variable gegenübergestellt, die angibt, ob ein riskantes Produkt gewählt wurde oder nicht.

Die Auswertung wurde in zweifacher Form durchgeführt. Dies liegt darin begründet, dass die kategorisierten Bereiche der Sparquote weiterhin als metrisch skaliert angesehen werden. Daher wurde die Analyse zuerst durch die Ermittlung des ETA-Koeffizienten durchgeführt. Dieser Wert deutet zwar mit einem Wert von 0,174 auf einen schwachen Korrelationskoeffizienten hin, jedoch ist der Zusammenhang mit einer Irrtumswahrscheinlichkeit von 0,1% signifikant.

Tabelle 9.34 ANOVA Test Sparquote / Riskante Produkte

Tests der Zwischensubjekteffekte

Abhängige Variable: Sparbetrag

Quelle	Quadratsumme vom Typ III	df	Mittel der Quadrate	F	Sig.
Korrigiertes Modell	21,849[a]	1	21,849	10,461	,001
Konstanter Term	2068,111	1	2068,111	990,213	,000
Riskant_Generell	21,849	1	21,849	10,461	,001
Fehler	697,577	334	2,089		
Gesamt	3061,000	336			
Korrigierte Gesamtvariation	719,426	335			

a. R-Quadrat = ,030 (korrigiertes R-Quadrat = ,027)

Quelle: SPSS Datenexport auf Basis der erhobenen Daten

Dadurch, dass sich die Verteilung der Häufigkeiten der Sparquote überwiegend innerhalb der Werte 0-40% konzentriert und die restlichen Bereiche geringe Häufigkeiten aufweisen, sollte das Ergebnis zusätzlich abgesichert werden.

Um das Ergebnis des bestehenden Zusammenhangs zu bestätigen wurde zusätzlich der Chi-Quadrat-Test durchgeführt. Dieser zeigt bei einer Irrtumswahrscheinlichkeit von 1% ebenfalls eine zweiseitige asymptotische Signifikanz.

Im letzten Schritt wurden sämtliche Items aus der Kategorie „Aussagen zu Geldanlagen" einzeln auf einen statistischen Zusammenhang mit der Produktwahl überprüft. Da alle Items einzeln überprüft werden, wurde auch das Item „Ich habe Bedenken, dass ich bei einem Börsencrash den Großteil meines investierten Geldes verliere" untersucht. Für die Überprüfung etwaiger Zusammenhänge wurde der Chi Quadrat Test verwendet. Das Item „Ich habe Bedenken [...]" weist dabei die niedrigste asymptotische Signifikanz von 0,042 auf. Der Wert liegt allerdings innerhalb der vorgegebenen Irrtumswahrscheinlichkeit von 5%, weshalb ein Zusammenhang bestätigt werden kann.

Alle weiteren Items der Kategorie „Aussagen zu Geldanlagen" weisen eine asymptotische Signifikanz nahe des Werts 0 auf, weshalb auch bei allen anderen Items ein Zusammenhang bestätigt werden kann.

Bei der Untersuchung der Zusammenhänge zwischen den „Aussagen zu Geldanlagen" und der persönlichen Risikoeinschätzung zeigt sich ein ähnliches Bild. Alle Items zeigen asymptotische Signifikanz mit einem Wert nahe 0. Ein statistischer Zusammenhang mittels des Chi-Quadrat-Tests konnte bestätigt werden.

Auf die Untersuchung eines Zusammenhangs zwischen der Risikoeinschätzung und der Tatsache, ob die Befragten Handelspositionen geschlossen haben, um Gewinne zu sichern oder Verluste zu begrenzen, wurde bewusst verzichtet. Der Großteil der Befragten gab an, Handelspositionen nicht geschlossen zu haben oder vorher nicht investiert gewesen zu sein (vgl. Kapitel 9.4.1). Unter Berücksichtigung der vorliegenden Daten wäre eine Untersuchung eines statistischen Zusammenhangs an dieser Stelle auf Grund der kleinen Anzahl der Fälle, in denen dieses Verhalten aufgetreten ist, nicht aussagekräftig.

Die vorliegenden Ergebnisse sind jedoch auch in der bestehenden Form ausreichend, um die in Kapitel 8.1 aufgestellten Hypothesen zu überprüfen.

9.4.3. Überprüfung der Hypothesen

Im Rahmen der Studie wurden zwei Hypothese aufgestellt, die anhand der vorliegenden Ergebnisse überprüft werden können.

Für die Überprüfung der ersten Hypothese wurde der Zusammenhang zwischen der Risikobereitschaft und der Wahl der Finanzprodukte untersucht.

Hypothese 1:

„In Zeiten der Corona-Pandemie gibt es keinen Zusammenhang zwischen der Wahl der Kapitalanlagen und der Risikoaversion bei finanziellen Angelegenheiten."

Sämtliche durchgeführten Auswertungen deuten darauf hin, dass ein Zusammenhang zwischen der Risikoaversion und der Wahl der Kapitalanlagen auch im betrachteten Zeitraum weiterhin besteht. Es gab keinerlei Hinweise, die darauf hindeuten, dass die

Risikoaversion keinen Einfluss auf die Wahl der entsprechenden Finanzprodukte hat.

Die Hypothese 1 wird damit verworfen.

Für die Überprüfung der zweiten Hypothese wurden die Häufigkeiten auf die Frage, welche Finanzprodukte im Zeitraum von Januar – April verstärkt von den Befragten genutzt / gekauft wurden, zu Grunde gelegt.

Hypothese 2:

„Im betrachteten Zeitraum der Corona-Pandemie investieren Privatinvestoren verstärkt in Finanzmarktprodukte."

Hypothese 2 wird auf Basis der vorliegenden Ergebnisse angenommen. Der Großteil der Befragten investierte im betrachteten Zeitraum verstärkt in Finanzmarktprodukte.

Die Einordnung der Ergebnisse der Hypothesenüberprüfung und der weiteren vorliegenden Ergebnisse erfolgt in Kapitel 9.5.

9.5. Diskussion

Die Forschungsfrage dieser Studie bezog sich auf das Verhalten von Privatinvestoren im Zeitraum der Corona-Pandemie. Die Hypothesen wurden im Kontext des Risikos aufgestellt. Während die erste Hypothese auf Basis der Ergebnisse verworfen werden musste, konnte die zweite Hypothese bestätigt werden (vgl. Kapitel 9.4.3). Die Ergebnisse werden nachfolgend thematisch eingeordnet und bewertet.

Die erste Hypothese implizierte, dass im betrachteten Zeitraum kein Zusammenhang zwischen der Risikoaversion und der Wahl der jeweiligen Finanzprodukte besteht. Die Auswertung der erhobenen Daten lieferte zwar die Ergebnisse, um Hypothese 1 zu verwerfen, bildet jedoch gleichzeitig eine neue Fragestellung.

Die im Rahmen dieser Studie erhobenen Daten zeigen eine hohe Risikobereitschaft bei finanziellen Angelegenheiten (vgl. Kapitel 9.4.1). Aus bisherigen Studien, wie z.B. der bereits zitierten Erhebung der BaFin, wäre anzunehmen, dass die Befragten wesentlich risikoaverser in Erscheinung treten. Die Ursache für die hohe Risikobereitschaft kann im Rahmen der vorliegenden Ergebnisse nicht untersucht werden und müsste gesondert analysiert werden. Grundsätzlich stellt die hohe Risikobereitschaft eine Anomalie im Verhältnis zu bisherigen Untersuchungen dar.

Durch die hohe Risikobereitschaft und den bestehenden Zusammenhang zu der Produktwahl ist gleichzeitig nachvollziehbar, dass der Anteil der Befragten, die Finanzprodukte der Kategorie „riskant" nutzen, überdurchschnittlich hoch ist, ebenfalls im Vergleich zu bisherigen Studien. Durch den weiterhin bestehenden Zusammenhang zwischen der Risikoaversion und der Wahl der Finanzprodukte, hätte Hypothese 1 nur bestätigt werden können, wenn die Befragten trotz der hohen Risikobereitschaft überwiegend konservative Finanzprodukte wählen. Da es sich in der durchgeführten Untersuchung allerdings um eine explorative

Studie ohne Referenzwerte auf die explizite Situation handelt, konnte dieser Umstand vorher nicht erwartet werden.

Unter Berücksichtigung der durchgeführten Studie und der zugrunde liegenden Ergebnisse kann jedoch die hohe Risikobereitschaft in dem betrachteten Zeitraum als festgestellte Anomalie bezeichnet werden. Wird diese Anomalie allerdings als ein Phänomen des betrachteten Zeitraums interpretiert, ergibt sich ein neuer Kontext im Zusammenhang mit der Prospect Theory.

Die Prospect Theory begründet das risikoaverse Verhalten von menschlichen Individuen damit, dass auf Basis bisheriger Untersuchungen potentielle Verluste stärker gewichtet werden als die potentiellen Gewinne (vgl. Kapitel 4). Unter Berücksichtigung einer grundsätzlich höheren Risikobereitschaft und einer sinkenden Risikoaversion, die auch gleichzeitig eine geringere Verlustaversion impliziert, ist davon auszugehen, dass der Verlauf des Graphen der Prospect Theorie eine andere Form annehmen würde. Der besondere Verlauf der Kurve in Abbildung 4.1 ergab sich aus den beiden Koeffizienten Alpha und Beta, für die jeweils im Median die Werte 0,88 angenommen werden und die jeweils für die Risikobereitschaft und die Risikoaversion stehen, und dem Koeffizienten Lambda, der für die Verlustaversion festgelegt wurde und im Median den Wert 2,25 erhält.

Zwar wird grundsätzlich angenommen, dass die Risikobereitschaft in besonderen Konstellationen höher und die Risikoaversion grundsätzlich niedrigere Werte annehmen kann, allerdings erfolgt weiterhin die Berücksichtigung von Lambda mit einem Wert $\lambda > 1$.

Das bedeutet, dass im Zusammenhang mit der Prospect Theory in sämtlichen Fällen davon ausgegangen wird, dass Verluste stärker gewichtet werden als Gewinne.

Führt die geringere Risikoaversion allerdings auch gleichzeitig zu einer geringeren Verlustaversion, müsste die Rechtfertigung für den Koeffizienten Lambda im Verlustfall neu erfolgen, da sie in dem Fall keine Berücksichtigung finden würde bzw. der Koeffizient sich dem Wert -1 stark annähern würde.

Abbildung 9.10 Prospect Theorie ohne Berücksichtigung des Koeffizienten λ

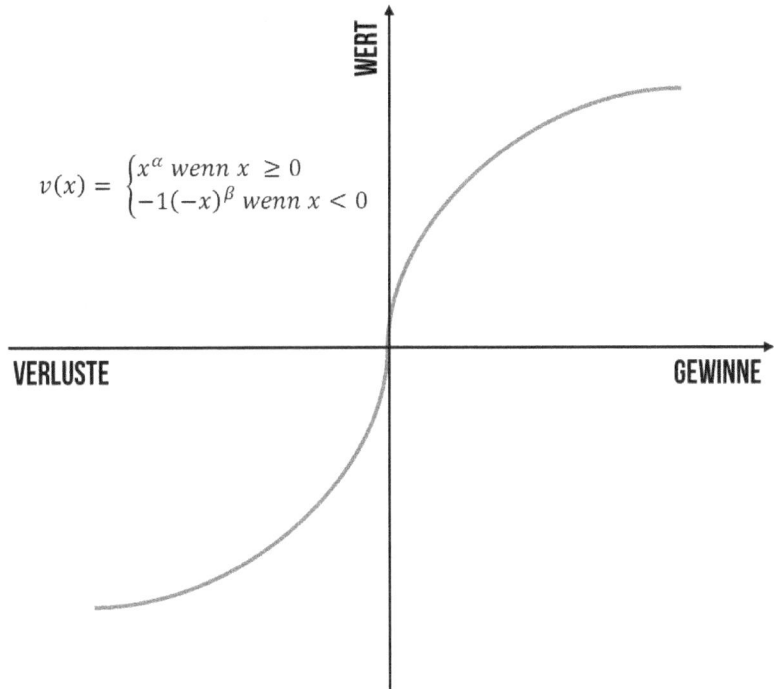

Quelle: Eigene Darstellung

Unter diesen Gesichtspunkten müsste das menschliche Verhalten im Kontext des Risikos und dem möglichen Nutzen aus dem eingegangenen Risiko in Form eines möglichen Gewinns neu bewertet werden. Dies würde den Rahmen dieser Forschungsarbeit allerdings erheblich übersteigen. Dennoch ist es wichtig, auf Basis der vorliegenden Ergebnisse diese Auffälligkeit für weitere Untersuchungen zu benennen.

Eine mögliche Erklärung des Sachverhalts kann sich unter Umständen auch durch die Betrachtung einer weiteren Theorie ergeben.

Als weitere theoretische Grundlage für die Erklärung des Risikoverhaltens im Rahmen dieser Studie wurde Maslows Bedürfnishierarchie angeführt. Diese zeigte auf, dass die Bedürfnisse der höheren Hierarchieebenen nicht grundsätzlich verfallen, sofern sich das Individuum kurzfristig in einem Bedürfniszustand der unteren Hierarchieebenen befindet (vgl. Kapitel 5). Wird nun die Befriedigung eines Bedürfnisses durch gesetzliche Bestimmungen eingeschränkt, kann dies dazu führen, dass Ersatzbedürfnisse entstehen. Empfindet das Individuum den „Freiheitsverlust" durch die im Betrachtungszeitraum gültigen Kontaktbeschränkungen als nicht zu befriedigendes Bedürfnis, so kann die Änderung des Risikoverhaltens als Bedürfnisbefriedigung oder als Ersatzbefriedigung angesehen werden. Insbesondere unter Berücksichtigung der Tatsache, dass das Geld, welches prinzipiell ein abstraktes Objekt darstellt, nicht mehr im Vordergrund der Bedürfnisse steht. Diese Darstellung stellt allerdings nur einen möglichen Ansatz zur Erklärung des Sachverhalts anhand der Maslowschen Bedürfnishierarchie dar, was nicht ausschließen soll, dass weitere Ansätze sowohl im Zusammenhang mit der Bedürfnishierarchie als auch alternativ zu dieser existieren.

Gleichwohl die Begründung anhand der Maslowschen Bedürfnishierarchie plausibel erscheint, bezog sich die Forschungsfrage ebenfalls auf die Feldtheorie von Lewin. Unter Berücksichtigung der ambivalenten Ziele stellte sich die Frage, ob der Anreiz durch starke Korrekturen an den Märkten groß genug ist, damit die positiven Feldkräfte die abstoßenden Feldkräfte dominieren und so private Investoren dazu neigen, verstärkt in Finanzmarktprodukte zu investieren. Auf den ersten Blick scheinen diese Annahmen zuzutreffen, allerdings sollten sie an dieser Stelle etwas differenzierter betrachtet werden.

Im Rahmen der Ausarbeitung konnte zwar gezeigt werden, dass die Befragten verstärkt in Finanzmarktprodukte investieren, allerdings lässt sich daraus nicht zwangsläufig der Rückschluss ziehen, dass dies auf die starken Korrekturen im Zuge der Corona-Pandemie zurückzuführen sei. Auch, wenn die Kurse stark korrigiert haben, konnte im Rahmen dieser Studie lediglich festgestellt werden, dass die Befragten sich sehr risikofreudig im Zusammenhang mit Geldanlagen zeigen. Durch den bestehenden Zusammenhang zwischen der Risikobereitschaft und der Wahl der jeweiligen Finanzprodukte bedeutet dies wiederum, dass dieser Zustand auch allein auf der Tatsache der höheren

Risikofreudigkeit begründet sein könnte. Unter der Annahme konstanter Börsenkurse und der Verschiebung des Verhaltens zu einer höheren Risikobereitschaft, hätte sich die Präferenz für Finanzmarktprodukte auf gleiche Weise manifestieren können. An dieser Stelle kann also festgestellt werden, dass die positiven Feldkräfte zwar stärker waren als die abstoßenden Feldkräfte, die Ursache für dieses Ungleichgewicht jedoch nicht einzig und allein auf die niedrigeren Börsenkurse zurückzuführen ist. Das Feldkräftemodell nach Lewin ermöglicht damit zwar die Bestätigung, dass die anziehenden Feldkräfte stärker ausgeprägt waren, als die abstoßenden Feldkräfte. Die in diesem Zusammenhang benannte Ursache der günstigen Börseneinstiegskurse unter der Annahme einer sich konstant verhaltenden Risikobereitschaft/Aversion, kann auf Basis der vorliegenden Ergebnisse allerdings nicht bestätigt werden. Um diese Kausalität begründen zu können, wäre es erforderlich gewesen, dass die Ergebnisse eine Risikobereitschaft aufzeigen würden, die nicht derart ausgeprägt von bisherigen Studien abweicht.

Die Ursache für die stark ausgeprägte Risikobereitschaft bleibt jedoch sowohl unter Berücksichtigung aller aufgeführten theoretischen Grundlagen, als auch unter Berücksichtigung der vorliegenden Ergebnisse, unbeantwortet.

Werden die Ergebnisse dieser Forschungsarbeit mit den Ergebnissen aus vorangegangenen Untersuchungen verglichen, fällt ebenfalls auf, dass die Sparquote im betrachteten Zeitraum vergleichsweise hoch ausfällt. Insgesamt gaben 57,5% der Befragten an, einen Anteil zwischen 11% und 30% ihres Verfügbaren Einkommens zur Seite zu legen. Dies ist ein wesentlich höherer Anteil als der in bisherigen Erhebungen genannte Durchschnitt von 10,6% (Statista 2020a). Dazu gaben 24,4% der Befragten an, in Zeiten von Corona mehr zu sparen als vorher. Durch den Fokus der vorliegenden Forschungsarbeit kann jedoch auch in dieser Betrachtung keine konkrete Ursache genannt werden, das Faktum als solches konnte allerdings festgestellt werden.

Werden die Erkenntnisse im Ganzen betrachtet, so kann die Auswahl der entsprechenden Produkte mit den jeweiligen Faktoren erklärt werden. Für die kurzfristigen Sparziele werden eher Kapitalanlagen genutzt, die zwar auf Grund der wirtschaftlichen Umstände in der heutigen Zeit kaum Rendite erwirtschaften, bei denen der Befragte jedoch zu jeder Zeit weiß, welcher Betrag zum gegebenen Zeitpunkt zur Verfügung stehen wird.

Für langfristige Anlageziele werden durchaus Finanzprodukte verwendet, die höhere Renditen ermöglichen, jedoch temporären Schwankungen unterliegen können.

Die höheren Sparquoten im betrachteten Zeitraum müssten allerdings weiter auf mögliche Ursachen hin untersucht werden. Die Kausalität durch die steigenden Sparquoten im betrachteten Zeitraum in Verbindung mit einer höheren Risikobereitschaft, erklärt die Entscheidung für ein breiteres Produktportfolio.

Auch wenn die Ergebnisse dieser Studie für sich genommen interessante Erkenntnisse aufzeigen, zeigt sich auch, dass im Rahmen dieser Forschungsarbeit nur eine bestimmte Nische des Anlageverhaltens abgebildet werden konnte. Die Thematik bietet noch viel Raum für weitere Untersuchungen.

9.6. Handlungsempfehlungen

Die Ergebnisse der durchgeführten Untersuchung konnten verschiedene Aspekte des Anlageverhaltens von privaten Investoren in Zeiten der Corona-Pandemie aufzeigen. Auch wenn nicht zu jedem Aspekt die kausale Ursache benannt werden kann, ergeben sich aus den vorliegenden Daten zahlreiche Handlungsempfehlungen, die auf Basis der neuen Erkenntnisse benannt werden können.

9.6.1. Forschung

Werden verschiedene Faktoren berücksichtigt, lässt sich auf Basis der vorliegenden Ergebnisse belegen, dass Menschen in bestimmten Situationen bereit sind, bevorzugt finanzielle Risiken einzugehen. Die bisherige Forschung erfolgte überwiegend in Zeiten mit Umwelteinflüssen, die keine vergleichbare Situation im Verhältnis zur jetzigen darstellen. Die Zeiten der Corona-Pandemie sind in ihrer jetzigen Konstellation unter Berücksichtigung sämtlicher Umweltvariablen einmalig in der bisherigen Geschichte. Die weitere Untersuchung von Abweichungen zum typischen menschlichen Verhalten innerhalb dieser außergewöhnlichen Zeit könnte interessante Rückschlüsse auf bestehende Theorien offenbaren. Dies betrifft sowohl die Wahrnehmung des Risikos, als auch den Umgang mit entsprechenden Risiken. In dieser Untersuchung wurde das finanzielle Risiko betrachtet. Womöglich existieren auch Abweichungen zu bisherigen Untersuchungen im Zusammenhang mit anderen Arten des Risikos.

Die Ängste innerhalb der Bevölkerung, die auf Grund der derzeitigen Situation vorliegen, könnten unter normalen Umständen lediglich zu Ausreißern innerhalb bestimmter Messungen führen. Wenn sich allerdings bestimmte Messbereiche grundsätzlich auf Grund besonderer Bedingungen verschieben, wie am Beispiel der finanziellen Risikobereitschaft zu sehen, können sich daraus womöglich weitere interessante Aspekte für die Forschung ergeben.

Im thematischen Kontext sollte die Frage näher untersucht werden, welche Ursachen Menschen dazu verleiten können, ihre finanzielle Risikobereitschaft zu erhöhen. Bisherige Untersuchungen fokussieren sich auf die generische Analyse der Risikoaversion/Risikobereitschaft per se, jedoch nicht mit den Gründen und Ursachen, die dazu führen, dass sich ein bestimmtes Individuum in bestimmten Situationen in ein und demselben Risikobereich mehr oder weniger risikoavers/risikobereit verhält.

Dies würde Untersuchungen mit besonderen Settings erfordern, die maßgeblich das Risikoverhalten unter Berücksichtigung von verschiedenen Umweltbedingungen betrachten.

Umweltbedingungen A → Risikosituation X → Messung der Risikoaversion/Risikobereitschaft

Umweltbedingungen B → Risikosituation X → Messung der Risikoaversion/Risikobereitschaft

Die heutigen technologischen Möglichkeiten, beispielsweise in Form von Virtual Reality, die es ermöglichen, künstliche Welten zu erschaffen, könnten dabei eine mögliche Hilfestellung bieten. Virtual Reality erreicht mittlerweile einen hohen Immersionsgrad und könnte so Untersuchungen in der dargestellten Form unterstützen.

Darüber hinaus ist anzunehmen, dass durch die Verschiebung der Forschungsperspektive auf die Ursachen der Risikoaversion bzw. Risikobereitschaft, und nicht isoliert auf das Risikoverhalten als solches, weitere aufschlussreiche Erkenntnisse zum zu Grunde gelegten Risikoverhalten gewonnen werden können.

Etwaige Untersuchungen der Ursachen für das entsprechenden Risikoverhalten könnten Aufschlüsse über mögliche Stimuli geben, die dieses Verhalten positiv oder negativ beeinflussen können.

Darüber hinaus muss allerdings gleichzeitig untersucht werden, ob bestimmte Faktoren in bestimmten Zeiträumen, so wie im Fall des betrachteten Zeitraums innerhalb der Corona-Pandemie, mit den Untersuchungsergebnissen aus „regulären" Umweltbedingungen verglichen bzw. referenziert werden können. Unter der Annahme, dass der betrachtete Zeitraum keinen dauerhaften „Normalzustand" darstellen würde und als einmalig zu bewerten ist, wären die Forschungsergebnisse sämtlicher Studien innerhalb dieser Zeit isoliert zu betrachten, zu bewerten und in den Gesamtkontext einzuordnen. Dennoch tragen genau jene Untersuchungen dazu bei, aus bestimmten Faktoren neue Erkenntnisse zu bestehenden Theorien und Modellen zu gewinnen.

9.6.2. Finanzdienstleistungen

Die Ergebnisse der Studie zeigen deutlich, dass die grundsätzliche Bereitschaft zur Investition in Finanzmarktprodukte vorhanden ist. Das finanzielle Risiko wird von einer Vielzahl der Befragten akzeptiert, sofern eine entsprechende Rendite dies rechtfertigt.

In der Umfrage gaben 35% der Befragten an, dass sie keine Erfahrung im Handel an den Finanzmärkten haben. 20,2% der Befragten haben sogar weniger als ein Jahr oder bis zu einem Jahr Erfahrung im Handel an den Finanzmärkten. Werden die Werte kumuliert betrachtet, haben 55,1% der Befragten 0-1 Jahr Erfahrung im Börsenhandel.

Damit zeigen die Ergebnisse deutlich, dass sich an dieser Stelle ein vielfältiges Potential für Kundenaufklärung ergibt, welches bei entsprechendem Erfolg zu zusätzlichen Marktanteilen führen kann. Durch gezielte Aufklärungskampagnen würden sich auch Chancen für Onlinebroker und Depot-Anbieter ergeben. Dies betrifft nicht nur die Potentiale für bereits bestehende

Finanzinstitute, sondern bietet auch Chancen für gezielte Neugründungen.

Insbesondere für bestehende Finanzdienstleistungsunternehmen mit persönlicher Beratung können sich aus gezielten Aufklärungskampagnen Chancen zur Sicherung von Marktanteilen ergeben. Dies erfordert jedoch eine konsequente Schulung der Berater, mindestens in den Grundlagen der Finanzmärkte. Die reine Produktschulung der Berater und Verkäufer scheint allein nicht ausreichend zu sein, um zusätzliche Kunden für die Finanzmärkte zu akquirieren. Dies zeigt sich insbesondere aus den statistischen Erhebungen der letzten Jahre, in denen die Nutzung von Finanzmarktprodukten abgefragt wurde, wie z.B. die bereits zitierte Studie der BaFin (Dr. Röstel und Hoi 2020).

Insbesondere in Zeiten des Niedrigzinsumfelds und steigender Immobilienpreise, sind die möglichen Marktpotentiale in diesem Bereich noch lange nicht ausgeschöpft. Auf Grund der mangelnden Alternativen zu attraktiven Geldanlagen und einer Fülle an möglichen Finanzmarktprodukten, sollte der potentielle Investor, der keine Erfahrung im Handel an den Finanzmärkten hat, die Möglichkeit erhalten, sein Misstrauen zu überwinden.

Aus der wissenschaftlichen Betrachtung heraus besteht das Vertrauen aus den folgenden Komponenten (Möllering 2003):

- Vernunft
- Erfahrungen
- Routinen

Einer der Schlüsselfaktoren, um Vertrauen zu schaffen, ist Kompetenz. Diese kann dabei helfen, bestehende Ungewissheit beim Vertrauensgeber zu überwinden (Möllering 2003). Daher ist der Aufbau von Fachkompetenz als ein wesentliches Element in der Überwindung der abstoßenden Feldkräfte anzusehen.

Aus diesem Grund empfiehlt sich auch in diesem Themenfeld eine Veränderung der Perspektive. Anstelle der regelmäßigen Feststellung, dass die potentiellen Kunden das Risiko als zu hoch bewerten, sollten die Ursachen für diese Bewertung untersucht werden und entsprechend transparente Produkte entwickelt werden, denen der potentielle Kunde vertrauen kann. Allein auf Basis des heute zur Verfügung stehenden Produktportfolios, welches nahezu jedes Anlegerprofil befriedigen kann, wäre anzunehmen, dass die Nutzung von Finanzmarktprodukten eine wesentlich höhere Popularität genießt.

Explizit werden auf Basis der vorliegenden Ergebnisse folgende Handlungsempfehlungen ausgesprochen:

- Ängste nehmen
- Vertrauen schaffen
- Schulung der Vertriebsmitarbeiter und Berater in den Grundlagen der Finanzmärkte
- Basisverständnis an Kunden vermitteln
- Risikobeurteilung der Kunden durch gezielte Marketingkampagnen relativieren
- Transparente und einfach zu erklärende Finanzmarktprodukte entwickeln
- Marktpotentiale ausschöpfen

Die Handlungsempfehlungen sind mit hohen Kosten auf Seiten der jeweiligen Finanzdienstleistungsunternehmen verbunden und nicht ohne weiteres für jedes Unternehmen umsetzbar. Daher würden politische Maßnahmen die grundsätzliche Akzeptanz von Finanzmarktprodukten begünstigen. Dies würde die Kosten der Unternehmen für die Umsetzung der Handlungsempfehlungen erheblich senken.

9.6.3. Politik

Die Auswertung der vorliegenden Ergebnisse zeigt nicht nur die Bereitschaft der Befragten, in riskante Produkte zu investieren, sondern darüber hinaus auch, dass Finanzbildung keinen Stellenwert im föderalen Bildungssystem genießt.

Insgesamt gaben 47,4% (kumulierte Anteile mit dem Wert 3-6) der Befragten bei den „Aussagen zu Geldanlagen" an, dass ihnen das Wissen fehle, wie man an den Finanzmärkten investiert. Ebenfalls gaben 46,3% der Befragten an, dass der Handel an den Finanzmärkten zu kompliziert sei. Sofern fehlendes Wissen im Umgang mit den Finanzmärkten eine der möglichen Ursachen für die mangelnde Partizipation an den Finanzmärkten in der Bundesrepublik Deutschland darstellt, sollte dieser Umstand in der zukünftigen bildungspolitischen Agenda korrigiert werden.

Der Hintergrund ist fiskalpolitisch begründbar. Tatsache ist, dass in deutschen Haushalten gespart wird. Nach Erhebungen des statistischen Bundesamts aus dem Jahr 2019 beträgt die durchschnittliche Sparquote 10,9% (Statista 2020a). Im Rahmen der vorliegenden Studie gaben sogar 57,5% der Befragten an, zwischen 11% und 30% ihres verfügbaren Nettoeinkommens zu sparen/investieren. Werden dabei die Ersparnisse überwiegend auf Giro- oder Tagesgeldkonten gelagert, werden insgesamt k(l)eine Erträge generiert, die wiederum zu einer geringen Abgeltungssteuer führen. Darüber hinaus helfen Rücklagen auf Giro- oder Tagesgeldkonten auch den Geldhäusern nicht weiter. Seit Juni 2016 müssen Geldinstitute einen negativen Einlagenzins bei der EZB zahlen, wenn überschüssige Finanzkapazitäten über Nacht bei der EZB gelagert werden (Deutsche Bundesbank 2020).

Hohe Erträge aus Kapitalanlagen für private Sparer und Investoren würden sogar zu mehreren positiven Effekten führen. Eine der wesentlichen Argumentationen für die

Handlungsempfehlung ist die positiv zu betrachtende Entwicklung der Einnahmen des Staates in Form der Abgeltungssteuer. Die Einnahmen für den Staat in Form der Abgeltungssteuer würden bei steigenden Kapitalerträgen ebenfalls steigen. Gleichzeitig würde den privaten Haushalten mehr Kapital zum Konsum zur Verfügung stehen und das wiederum sichert die Entwicklung der Wirtschaftsleistung. Gleichzeitig würden Geldinstitute durch geringere eingelagerte Finanzüberschüsse finanziell entlastet werden.

Da viele Verbraucher nicht nur für Konsumausgaben sparen, sondern ebenfalls Rücklagen als Altersvorsorge bilden, bietet eine renditeorientierte Form der Altersvorsorge zusätzlichen Schutz vor Altersarmut. In den USA ist dies bereits durch die steueroptimierte Form des sogenannten 401(k) Plans möglich, bei dem der Verbraucher die Möglichkeit hat, Teile seines Einkommens vom Arbeitgeber im Rahmen der betrieblichen Altersvorsorge zu 67% direkt in Aktien, Mischfonds oder Rentenfonds zu investieren (irs.gov 2020). Dies ist zwar prinzipiell ähnlich der betrieblichen Altersvorsorge in Deutschland, allerdings liegen die Aktienquoten der betrieblichen Altersvorsorgeprodukte in Deutschland bei lediglich 17%. Im Vergleich zu anderen Ländern bildet Deutschland damit das Schlusslicht in der Betrachtung der Aktienquoten der betrieblichen Altersversorgung (Deutsches Aktieninstitut e.V. 2019, S. 13).

Neben den bereits in Kapitel 9.5.1 und Kapitel 9.5.2 genannten Handlungsempfehlungen könnte durch den Einsatz von fiskalpolitischen Mechanismen ein Umdenken bei den privaten Sparern erreicht werden. Hierzu könnten sich folgende Maßnahmen und Anreize eignen:

- Senkung der Abgeltungssteuer auf finanzmarktbasierte Produkte
- Entfall der jährlichen Besteuerung von fiktiven Erträgen ohne Wertstellung bei thesaurierenden ETFs/Fonds

Gleichzeitig sollte auf die geplante Umsetzung der Finanztransaktionssteuer verzichtet werden, um einer möglichen steigenden Bereitschaft für Finanzmarktprodukte nicht konträr entgegenzuwirken.

9.6.4. Nachtrag: Aktuelle Entwicklung

Die Durchführung und die Beschreibung der Studie wurde in einer Zeit durchgeführt, in der nahezu jeden Tag neue Erkenntnisse zu Covid-19 gewonnen wurden.

In den vergangenen 3 Monaten, seit Beginn der schriftlichen Ausarbeitung der vorliegenden Studie gab es zahlreiche Entwicklungen, die innerhalb dieser Forschungsarbeit erwähnt werden sollten. Zum einen dient dies der thematischen Vollständigkeit, zum anderen ergibt sich daraus die Möglichkeit, die Ergebnisse im Hinblick auf die neu hinzugewonnenen Erkenntnisse hin zu überprüfen.

Zuerst wird daher die Entwicklung der Krankheitsfälle betrachtet. Mit Stand 24.06.2020 können insgesamt 191.449 positiv auf

Covid-19 getestete Fälle gezählt werden. Weltweit sind es zum aktuellen Zeitpunkt 9.237.691 Fälle. Das entspricht ungefähr dem dreifachen Wert des in Kapitel 2.1 dargestellten Werts vom 29.04.2020 April. Insgesamt sind bisher 476.911 Todesfälle zu verzeichnen (Robert-Koch-Institut 2020c).

Die Entwicklung der Fallzahlen der letzten 2 Monate zeigt die brisante Ausbreitungsgeschwindigkeit des Virus, die trotz der vielen Beschränkungen und Regelungen permanent steigt. In Deutschland ist die Anzahl der Neuinfektionen pro Tag im Durchschnitt rückläufig. Einzig lokale Ausbrüche, die sich zu Hotspots entwickeln, führen zu enormen Ausschlägen in der Statistik.

Der R-Wert, der als Messgröße für eine mögliche Überlastung des Gesundheitssystems betrachtet wird, lag zwischenzeitlich über einen längeren Zeitraum unter dem Wert 1. Durch verschiedene lokale Hotspots und einer insgesamt verhältnismäßig niedrigen Anzahl an Neuinfektionen in Deutschland unterliegt der Wert zeitweise hohen Schwankungen. Nach aktuellem Stand beträgt der Wert der Reproduktionszahl 1,17 (7-Tage-R-Wert) (Bundesregierung 2020a).

Weiterhin bestehen verschiedene Beschränkungen. Diese unterteilen sich in Beschränkungen, die bundesweit gelten und Beschränkungen, die regional oder nur in einem bestimmten Bundesland Gültigkeit besitzen. Zu den bundesweit geltenden Regelungen gehört die Einhaltung von Abstands- und Hygieneregeln. Hierzu zählt auch die Pflicht, einen Mund-Nasen-

Schutz in Geschäften und im öffentlichen Personen-Nahverkehr zu tragen. Kontakte sollen weiterhin, sofern möglich, vermieden werden bzw. auf ein Mindestmaß reduziert werden. Sofern es umsetzbar ist, sollten persönliche Treffen auf einen festen Personenkreis reduziert werden. Darüber hinaus wird empfohlen, dass etwaige Treffen im Freien stattfinden sollen. Großveranstaltungen sind weiterhin bis zum 31.10. nicht erlaubt (Bundesregierung 2020c). Die Beschränkungen der jeweiligen Bundesländer unterscheiden sich stark. Das liegt unter anderem auch an den regional unterschiedlich schnell voranschreitenden Lockerungsmaßnahmen. Das Ziel, einen schnellen Anstieg von Neuinfektionen zu verhindern, besteht weiterhin. Hierzu wurde ein Beschluss erlassen, dass bei mehr als 50 Neuinfektionen je 100.000 Einwohner in einem Betrachtungszeitraum von 7 Tagen weitere Kontaktbeschränkungen zu erlassen sind (Bundesregierung 2020b).

Durch die Entwicklung der Anzahl an Neuinfektionen scheint auf den ersten Blick die brisanteste Phase der Pandemie in Deutschland überstanden zu sein. Allerdings konnte in aktuellen Studien festgestellt werden, dass nicht alle Covid-19-Patienten nach einer Erkrankung Antikörper ausbilden, die eine Neuinfektion verhindern. Das Lübecker Gesundheitsamt führte hierzu eine Studie durch, bei der sich zeigte, dass 70% der Infizierten Antikörper bilden. Unklar ist allerdings bislang, wie lange die Immunität bei bestehenden Antikörpern gewährleistet ist (Ndr 2020).

Dadurch kann eine zweite Infektionswelle derzeit nicht ausgeschlossen werden. Insbesondere in Ländern, in denen die Pandemie als überwunden galt, treten in letzter Zeit neue Infektionsfälle in Erscheinung. Auch im Ursprungsland China, in dem die Erkrankung erstmalig ausgebrochen war, konnte seit April über einen längeren Zeitraum keine steigende Anzahl an Neuinfektionen verzeichnet werden. Doch auch dort wurden plötzlich erneut 57 Infektionsfälle an einem Tag gemeldet. Dieser Wert entspricht damit der höchsten Anzahl an Neuerkrankungen an einem Tag seit dem Monat April. Bei den Neuinfektionen ist jedoch nicht davon auszugehen, dass diese über Rückreisende aus dem Ausland verursacht wurden, sondern durch Infektionen innerhalb Chinas (n-tv 2020).

Das Robert-Koch-Institut empfiehlt daher weiterhin umsichtig zu agieren und nicht so zu tun, als sei das Virus plötzlich verschwunden. Eine unkontrollierte Ausbreitung muss weiterhin durch gezielte Maßnahmen verhindert werden (Robert-Koch-Institut 2020d).

Doch genau hier scheint sich ein Problem zu entwickeln. Mittlerweile wächst in der Bevölkerung der Unmut über die andauernden Beschränkungen. Es gibt eine Vielzahl von Protesten gegen die andauernden Maßnahmen. Die Betroffenen beklagen überwiegend die „Freiheitsberaubung" (Tagesschau.de 2020e).

Durch die andauernde Unsicherheit in der Bevölkerung sind viele Verschwörungstheorien zum Thema Corona entstanden.

Während manche davon ausgehen, dass Corona eine Verschwörung ist, die eine neue Weltordnung bezwecken soll, glauben andere wiederum, dass Bill Gates für Corona verantwortlich ist, um sämtliche Menschen durch eine Zwangsimpfung mit einem Chip auszustatten. Durch die schnelle Verbreitung der Verschwörungstheorien über das Internet (insbesondere über YouTube und Messenger-Dienste) steigt die Anzahl derer, die tatsächlich daran glauben (Prof. Dr. Winter 2020).

Die wachsende Bereitschaft an Verschwörungstheorien zu glauben ist allerdings bislang wesentlich harmloser als die wirtschaftliche Entwicklung. Weiterhin kämpfen viele Betriebe um ihre wirtschaftliche Existenz. Experten gehen davon aus, dass es zu einer Insolvenzwelle kommen wird, sobald die staatlichen Subventionen enden. Bislang wurde die Insolvenzantragspflicht bis September ausgesetzt (Tagesschau 2020).

Insgesamt ist eine Vielzahl von Betrieben weiterhin von der Corona-Pandemie betroffen. Hierzu gehören allerdings nicht nur kleinere Betriebe, sondern ebenfalls Großbetriebe. Insbesondere die Reisebranche und die Gastronomie leiden sehr stark unter den weiterhin geltenden Beschränkungen. Die Einbußen ziehen sich jedoch nahezu durch alle Sektoren (iwd 2020).

Hoffnung auf Normalität besteht dennoch. Das Unternehmen CureVac hat bereits mit klinischen Studien zu einem Impfstoff begonnen. Konkrete Ergebnisse werden bereits in ca. 2 Monaten erwartet (apotheke-adhoc.de 2020). CureVac gilt als einer der

Vorreiter im Zusammenhang mit den neuen mRNA-Impfstoffen, mit Hilfe derer der Körper eigenständig ein Protein bildet, das der Struktur des Virus entspricht. Der Körper fängt daraufhin an, das Protein als Fremdkörper zu identifizieren und Antikörper zu produzieren (Bäurle 2020). Neben dem Impfstoff von CureVac wird laut Angaben der WHO an ca. 200 Impfstoffen geforscht, davon werden ca. 12 bereits in klinischen Studien am Menschen getestet. Durch diese rasante Entwicklung könnte bereits zum Ende des Jahres 2020 ein Impfstoff vorliegen, sofern die Studien erfolgreich verlaufen (Deutsche Apothekerzeitung 2020).

Es ist davon auszugehen, dass bis zur Verfügbarkeit eines wirksamen Impfstoffs die Ungewissheit über die Zukunft bestehen bleibt. Dies betrifft nicht nur private Haushalte, sondern auch Unternehmen.

Konkrete wirtschaftliche Prognosen lassen sich derzeit kaum realisieren. Viele Unternehmen haben ihre Planung der Unternehmenszahlen für das laufende Kalenderjahr 2020 bereits zurückgezogen. Hauptversammlungen wurden z.T. abgesagt und auch Dividendenzahlungen wurden bei einigen Unternehmen gestrichen oder gesenkt (Bogazliyan und Rehbock 2020).

Trotz der großen Unsicherheit scheinen sich die Finanzmärkte zu erholen. Der Blick in den Chart des S&P500 zeigt eine Erholung der Kurse von Ende März bis Anfang Juni. Dies entspricht dem Zeitraum, in dem die Beschränkungsmaßnahmen ihre Wirksamkeit bestätigten und der exponentielle Anstieg an Neuerkrankungen gestoppt werden konnte. Darüber hinaus wurden in dieser Zeit gleichzeitig viele wirtschaftspolitische Maßnahmen ergriffen, um die wirtschaftliche Lage zu stabilisieren. Die neu auftretenden Infektionsherde lassen die Unsicherheit durch eine mögliche zweite Infektionswelle jedoch steigen, was sich in der beginnenden Seitwärtsphase des S&P500 zeigt.

Abbildung 9.11 Nachtrag Chart-Entwicklung des S&P500

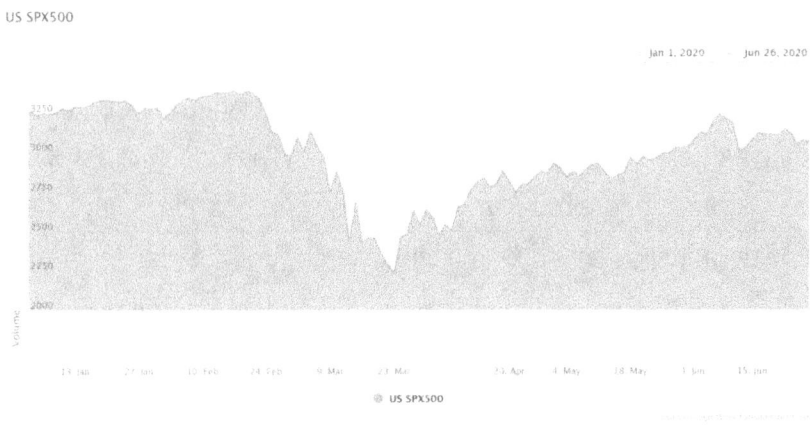

Quelle: Chartexport Degiro Handelsplattform (Infront Financial Technology GmbH 2020)

Über die weiteren Kursentwicklungen an den Finanzmärkten lässt sich derzeit nur spekulieren. Darüber ist hinaus sind die tatsächlichen Auswirkungen durch die Corona-Pandemie weiterhin unklar. Zumindest das erste Rettungspaket der EZB in Höhe von 120 Milliarden Euro Ende März ist nahezu wirkungslos verpufft. Danach wurde finanzpolitisch die so genannte „Bazooka" angewendet. Damit sind weitere Zusagen der EZB für Anleihekäufe im Wert von 750 Milliarden Euro gemeint (Evensen

2020). Die verschiedenen Konjunktur-Pakete der einzelnen Länder führen gleichzeitig zu einem Anstieg der Neuverschuldung. Allein in Deutschland wurden im Mai neue Kredite in Höhe von 156 Milliarden Euro beschlossen (Bundesfinanzministerium 2020). Im Juni geht Finanzminister Olaf Scholz bereits von einem neuen Schuldenbetrag in Höhe von 218,5 Milliarden Euro aus. Dem Nachtragshaushalt muss allerdings noch zugestimmt werden (Tagesschau.de 2020a).

Der IWF geht davon aus, dass die eintretende Rezession drastischere Ausmaße annehmen wird, als bisher angenommen. Nach aktuellen Schätzungen wird sich die Weltwirtschaft auf Basis der Bruttoinlandsprodukte der jeweiligen Länder um 4,9% reduzieren. Dies ist ein Durchschnittswert, der aus den jeweiligen BIP-Prognosen der einzelnen Länder ermittelt wird (Tagesschau.de 2020f).

Dieser Durchschnitt betrifft allerdings den Status Quo mit den derzeit vorliegenden Wirtschaftsdaten. Eine mögliche zweite Welle der Corona-Pandemie ist in diesem Szenario noch nicht berücksichtigt. Würde sich eine zweite Erkrankungswelle entwickeln, wären die Auswirkungen weitaus verheerender. Laut einem Wirtschaftsausblick der OECD würde die weltweite Wirtschaftsleistung im Falle einer zweiten Welle um 7,6% fallen. Der aktuelle Hochpunkt der Arbeitslosenzahlen würde sich bei einer zweiten Welle verdoppeln (OECD 2020).

Abbildung 9.12 Nachtrag: BIP-Entwicklung bei zweiter Infektionswelle

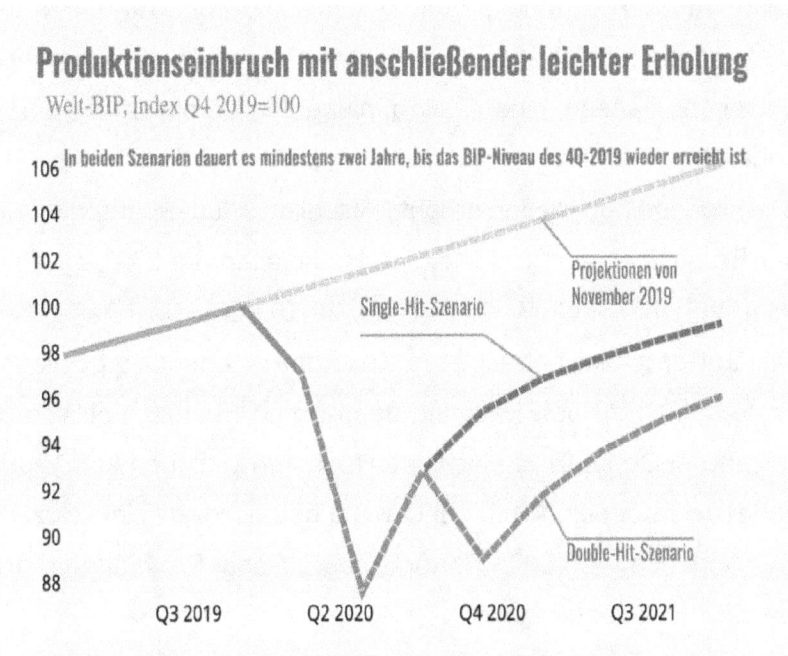

Quelle: OECD-Wirtschaftsausblick (OECD 2020)

So lange es keinen wirksamen Impfstoff gibt, wird die Lage volatil bleiben. Sowohl in der Wirtschaft, als auch an den Finanzmärkten. Dabei ist derzeit ebenfalls unklar, ob sich die derzeitige Lage nachhaltig auf das Verhalten von Verbrauchern auswirkt. Auch wenn die Betrachtung für sämtliche Bereiche interessant sein kann, wird im Rahmen dieser Studie der Fokus auf das Spar- und Investitionsverhalten gelegt.

Hier zeigen sich derzeit drei Phänomene. In den letzten Monaten konnte eine erhöhte Sparquote verzeichnet werden. Diese liegt nach aktuellen Erhebungen in Deutschland bei 20% und in den USA sogar bei 30% des verfügbaren Nettoeinkommens. Dies entspricht nahezu einer Verdopplung im Vergleich zu bereits angeführten Erhebungen. Gleichzeitig haben sich auch die Bargeldbestände weiter erhöht. Aktuellen Studien zufolge stieg der Bargeldbestand in deutschen Haushalten um 8% gegenüber dem Vorjahr (Barkow Consulting 2020). Die Nachfrage nach Online-Depots im betrachteten Zeitraum ist ebenfalls gestiegen. Im Vergleich zu den Monaten Januar und Februar hat sich die Anzahl der Depot-Eröffnung in den Monaten März und April jeweils nahezu verdoppelt. Allein bei Onvista gab es jeweils im März und im April ca. 50.000 Anträge auf Depot-Eröffnungen (dts Nachrichtenagentur 2020).

Die aktuellen Erhebungen bestätigen damit die im Rahmen dieser Studie vorliegenden Ergebnisse. Die wesentlichen Aspekte in der höheren Sparbereitschaft und der Tendenz im betrachteten Zeitraum verstärkt Finanzmarktprodukte bzw. Aktien zu kaufen, haben sich bestätigt. Einzig der Aspekt der Anhäufung von Bargeld hat sich innerhalb der erhobenen Daten nicht gezeigt. Der Aspekt der Anhäufung von Bargeld stand jedoch nicht im Fokus der Untersuchung und müsste separat betrachtet werden. Mitunter wären hier entsprechende Häufigkeiten feststellbar gewesen, sofern das Bargeld eine mögliche vorgegebene Antwortoption gewesen wäre. Dies ist jedoch nicht zwangsläufig die Konsequenz, da die Befragten auch unter dem Punkt „Andere" die Möglichkeit hatten, alternative Geldanlagen bzw. Sparformen anzugeben.

10. Fazit

Die vorliegende Forschungsarbeit gewährt interessante Einblicke in das Investitionsverhalten von Privatinvestoren in Zeiten der Corona-Pandemie. Die Ergebnisse, die auf Basis der erhobenen Daten hervorgebracht werden konnten, zeigen auf, dass Privatinvestoren im betrachteten Zeitraum ein abweichendes Verhalten im Vergleich zu vorangegangen Publikationen aufweisen.

Bezogen auf die referenzierten theoretischen Grundlagen konnte festgestellt werden, dass die Prospect Theorie unter Berücksichtigung der Kernaussage, dass Verluste stärker gewichtet werden als Gewinne, im Falle der erhobenen Daten keine Gültigkeit besitzt. Dies war ein sehr überraschender Faktor innerhalb der Ergebnisauswertung. Die ursprüngliche Annahme war, dass die Prospect Theorie in ihrer gegebenen Form weiterhin Gültigkeit zeigt, jedoch asynchrone Werte mit der Risikoaversion festgestellt werden können. Dadurch hätten die Ergebnisse der Befragten eine geringe Risikobereitschaft zeigen müssen und die Befragten hätten dennoch Finanzmarktprodukte bevorzugen müssen. Diese Annahme konnte erfolgreich widerlegt werden.

Der Nutzen des eingegangenen Risikos scheint auf Grundlage der vorliegenden Ergebnisse etwaige damit einhergehende Verluste zu rechtfertigen. Das war jedoch nicht das einzige Überraschungsmoment innerhalb der Auswertung der Ergebnisse. Die Bereitschaft der Befragten, finanzielle Risiken einzugehen, war im Vergleich zu vorrangegangenen Studien wesentlich stärker ausgeprägt. Dieser Umstand war ebenfalls relativ überraschend und wurde vor der Erhebung wie bereits beschrieben nicht erwartet. Dadurch öffnet sich eine weitere Perspektive im Hinblick auf die Behavioral Finance.

Die hohe Risikobereitschaft bietet verschiedene Ansatzpunkte für zukünftige Erhebungen und Forschungsdesigns, die ihm Rahmen dieser Studie auf Grund des Umfangs nicht weiter untersucht werden konnten.

Die erhöhte Sparquote bietet noch weitere Ansätze für zukünftige Diskussionen und Forschungsansätze. Die Ergebnisse haben gezeigt, dass die Sparquoten ebenfalls höher im Vergleich zu vorangegangenen Studien ausfielen. Zu dieser Thematik wäre eine Ursachenanalyse interessant, die zu der Erhöhung der Sparquote geführt hat. Dieser Sachverhalt kann womöglich auf trivialen Ursachen basieren, wie beispielsweise der zeitweisen fehlenden Möglichkeit, das Geld beim Offline-Shopping ausgeben zu können. Das Phänomen kann jedoch auch auf komplexeren Hintergründen basieren, wie beispielsweise einer Verschiebung des Risikoverhaltens in bestimmten Situationen, welches zu einem riskanteren Verhalten beim jeweiligen Individuum führen kann. Auch in dieser Thematik bietet sich Potential für weitere Forschungen.

Die festgestellten Anomalien können dazu beitragen, weitere Informationen und Einblicke zum Risikoverhalten zu erforschen.

Insgesamt wurde durch die Erhebung deutlich, dass Menschen nicht von Grund auf eine ablehnende Haltung gegenüber Finanzmarktprodukten aufzeigen, sondern diese auch damit begründet sein kann, dass die Befragten nur wenig Berührungspunkte, Wissen und Erfahrung mit den entsprechenden Produkten haben. Die Anzahl der Befragten mit einer mehrjährigen Erfahrung im Handel an den Finanzmärkten war sehr gering ausgeprägt. Hieraus ergibt sich auf Grundlage der bisweilen mehrjährigen Niedrigzinsphase ein großer Handlungsbedarf, abgeleitet aus politischen und unternehmerischen Maßnahmen. Wird die Chance bzw. der Nutzen als ausreichend bewertet, um das entsprechende Risiko einzugehen, scheint sich dies auch in einer höheren Risikobereitschaft zu zeigen.

Aus den vorliegenden Ergebnissen ließen sich insgesamt verschiedene Handlungsempfehlungen aufzeigen, die in unterschiedliche Themenbereiche eingeordnet werden konnten. Hervorgehoben wurden insbesondere Handlungsempfehlungen für die weitere Forschung, für Finanzdienstleistungsunternehmen und die Fiskal- und Geldpolitik. Diese Handlungsempfehlungen können dazu führen, dass die Akzeptanz von Finanzmarktprodukten ein steigendes Niveau erreicht. Was jedoch einen wesentlich wichtigeren Aspekt darstellt, ist die Tatsache, dass sinkender Wohlstand und sinkende Konsumausgaben gefährlich für die Entwicklung der Wirtschaftsleistung eines Landes sein können.

Zusammenfassend kann gesagt werden, dass die Forschung im Bereich der Behavioral Finance / Verhaltensökonomik weiterhin wichtig und erforderlich ist. Aus den gewonnenen Erkenntnissen zum menschlichen Geldanlage- und Investitionsverhalten können auch in Zukunft viele verschiedene Handlungsempfehlungen ausgesprochen werden, um einer größeren Anzahl an Menschen die Möglichkeit zur Erlangung von Wohlstand zu ermöglichen. Daraus profitieren final nicht nur die betroffenen selbst, sondern ebenfalls die Wirtschaft, der Staat und die Umwelt.

Anhang

Anhang A – Fragebogen

masterthesis_pohl → MSc-Thesis   19.04.2020, 13:26

Seite 01

Umfrage zum Spar- und Investitionsverhalten im Rahmen meiner Master-Arbeit (Begruessung)

Sehr geehrte Teilnehmer/innen,

ich freue mich, dass Sie sich die Zeit nehmen, um an dieser Umfrage teilzunehmen!

Anlässlich der veränderten Situation durch den Ausbruch des Corona-Virus führe ich im Rahmen meiner Master-Thesis eine Studie zur Untersuchung von Spar- und Investitionsentscheidungen im Zeitraum von Januar-April 2020 durch.

Schenken Sie mir bitte ca. 8-10 Minuten Ihrer Zeit für die Beantwortung des nachfolgenden Fragebogens.

Ihre Angaben werden selbstverständlich vertraulich behandelt und ausschließlich anonym nach wissenschaftlichen Kriterien ausgewertet. Ein Rückschluss auf Ergebnisse einzelner Personen ist bei dieser Vorgehensweise nicht möglich.

Im Rahmen dieser Umfrage gibt es keine richtigen oder falschen Antworten. Für die anschließende Datenanalyse ist es jedoch sehr wichtig, dass Sie, sofern möglich, jede einzelne Frage beantworten und den Fragebogen vollständig ausfüllen.

Ich danke Ihnen für Ihr Mitwirken!

Freundliche Grüße

David Pohl

Seite 02
Allg1

1. Bitte wählen Sie Ihr Geschlecht (SD01)

- Männlich
- Weiblich
- Divers

- Keine Angabe

Seite 03
Allg2

2. Bitte geben Sie Ihr Alter an: [SD02]

[Bitte auswählen] ▼

Seite 04
Allg3

3. Was ist Ihr derzeit höchster Schulabschluss? [SD03]

- Hauptschulabschluss
- Realschulabschluss
- (Fach)Abitur
- Hochschulabschluss (Bachelor/Master)
- Promotion
- Ohne Schulabschluss
- Anderer Schulabschluss

- Keine Angabe

Seite 05
Allg4

4. Bitte geben Sie Ihre berufliche Stellung an: [SD04]

- Angestellter
- Freiberufler / Selbstständig
- Auszubildender
- Student
- Beamter
- Rentner
- Privatier (Ich lebe ausschließlich von Kapitalerträgen, Vermietung/Verpachtung etc.)
- Ohne Erwerbstätigkeit / Arbeitssuchend

- Keine Angabe

Seite 06
Allg5

5. Sind Sie in Ihrem Haushalt der Alleinverdiener? [SD05]

- Ja
- Nein

- Keine Angabe

Seite 07
Allg6

6. Wie viele Personen leben insgesamt in Ihrem Haushalt? [SD06]

- 1
- 2
- 3
- 4
- 5
- Mehr als 5

- Keine Angabe

Seite 08
Allg7

7. Wie viele Kinder haben Sie? [SD07]

- Keine Kinder
- 1
- 2
- 3
- 4
- 5
- Mehr als 5

- Keine Angabe

Seite 09
Spar1

8. Welche Finanzprodukte nutzen Sie grundsätzlich zum Sparen / Investieren? FI01
Sie können auch mehrere Antwortmöglichkeiten auswählen

- Girokonto
- Tagesgeldkonto / Sparbuch
- Festgeld
- Renten / Lebensversicherungen
- Bausparvertrag
- Aktien
- ETFs
- Investmentfonds
- Unternehmensanleihen
- Staatsanleihen
- Vermietete Immobilie(n)
- Edelmetalle (z.B. Münzen / Barren)
- Bitcoin
- Andere:

- Keine Angabe

Seite 10
Spar2

9. Welche Finanzprodukte haben Sie während der Corona-Situation (Januar 2020 bis April 2020) [FI02] **erstmalig genutzt/gekauft?**
Sie können auch mehrere Antwortmöglichkeiten auswählen

- ☐ Keine neuen Finanzprodukte
- ☐ Girokonto
- ☐ Tagesgeldkonto / Sparbuch
- ☐ Festgeld
- ☐ Renten- / Lebensversicherungen
- ☐ Bausparvertrag
- ☐ Aktien
- ☐ ETFs
- ☐ Investmentfonds
- ☐ Unternehmensanleihen
- ☐ Staatsanleihen
- ☐ Vermietete Immobilien
- ☐ Edelmetalle (z.B. Münzen / Barren)
- ☐ Bitcoin
- ☐ Andere:

- ☐ In diesem Zeitraum habe ich kein Geld gespart / investiert

- ☐ Keine Angabe

Seite 11
Spar3

10. Welche Finanzprodukte haben Sie während der Corona-Situation (Januar 2020 bis April 2020) verstärkt genutzt / gekauft? [FI03]
Sie können auch mehrere Antwortmöglichkeiten auswählen

- ☐ Ich habe nichts an meinem Spar- / Investitionsverhalten geändert
- ☐ Girokonto
- ☐ Tagesgeld / Sparbuch
- ☐ Festgeld
- ☐ Renten- / Lebensversicherungen
- ☐ Bausparvertrag
- ☐ Aktien
- ☐ ETFs
- ☐ Investmentfonds
- ☐ Unternehmensanleihen
- ☐ Staatsanleihen
- ☐ Vermietete Immobilien
- ☐ Edelmetalle (z.B. Münzen / Barren)
- ☐ Bitcoin
- ☐ In diesem Zeitraum habe ich kein Geld gespart / investiert
- ☐ Andere:

☐ Keine Angabe

Seite 12
Spar4

11. Wenn Sie bereits vor der Corona-Situation an den Finanzmärkten investiert waren: Haben Sie Handelspositionen geschlossen, um die Gewinne zu sichern? [FI04]

- ○ Ja
- ○ Nein
- ○ Ich war vorher nicht investiert

○ Keine Angabe

Seite 13
Spar5

12. Wenn Sie bereits vor der Corona-Situation an den Finanzmärkten investiert waren: Haben Sie Handelspositionen geschlossen, um Verluste zu begrenzen? [FI05]

- Ja
- Nein
- Ich war vorher nicht investiert

- Keine Angabe

Seite 14
Spar6

13. Wofür sparen / investieren Sie grundsätzlich Geld? [FI06]

- Geplante Anschaffung / Konsum / Urlaub
- Rücklage für Notfälle
- Vermögensaufbau / Kapitalanlage zur Generierung laufender Einkünfte
- Renovierung oder Kauf einer Immobilie
- Für mein Kind / meine Kinder (Führerschein, Ausbildung, Wohnungseinrichtung etc.)
- Ich habe kein Spar-/ Investitionsziel
- Sonstiges:

- Keine Angabe

Seite 15
Spar7

14. Wie viel Prozent Ihres monatlichen Nettoeinkommens sparen / investieren Sie? `FI07`

- 0% - 10%
- 11% - 20%
- 21% - 30%
- 31% - 40%
- 41% - 50%
- 51% - 60%
- 61% - 70%
- 71% - 80%
- 81% - 90%
- 91% - 100%

- Keine Angabe

Seite 16
Spar8

15. Hat sich Ihr Spar- / Investitionsbetrag durch die Corona-Situation verändert? `FI08`

- Ich spare / investiere weniger
- Ich spare / investiere mehr
- Ich pausiere mit dem Sparen / Investieren während der Corona-Situation
- Ich habe durch die Corona-Situation mit dem Sparen / Investieren angefangen
- Nein, keine Veränderung

- Keine Angabe

Seite 17
Boerse1

BO01

16. Es folgen nun einige Fragen zum Thema Finanzmärkte. Bitte geben Sie anhand der Auswahlmöglichkeiten an, ob Sie der Aussage zustimmen oder nicht

Bitte bewerten Sie jede Aussage auf einer Skala von „Stimme überhaupt nicht zu" bis „Stimme voll und ganz zu"

	Stimme überhaupt nicht zu					Stimme voll und ganz zu	Weiß nicht
Ich habe Angst, dass ich bei einem Börsencrash (z.B. einer Finanzkrise) den Großteil meines investierten Geldes verliere.	○	○	○	○	○	○	○
Ein Börsencrash/starke Marktkorrektur ist für mich der perfekte Zeitpunkt, um Wertpapiere günstig zu kaufen/nachzukaufen	○	○	○	○	○	○	○
Ich versuche Anlagemöglichkeiten zu finden, bei denen die Chance auf überdurchschnittlichen Gewinn besteht, auch wenn das heißt, dass ich mein eingesetztes Geld dabei verlieren kann	○	○	○	○	○	○	○
Ich bin nur bereit Geld anzulegen / zu investieren, wenn ich genau weiß, welches Geld mir nach Ablauf des Anlagezeitraums zur Verfügung steht	○	○	○	○	○	○	○
Die Corona-Situation hat mir gezeigt, wie riskant der Handel an der Börse ist	○	○	○	○	○	○	○
Durch die Corona-Situation sind interessante Investitionsmöglichkeiten entstanden	○	○	○	○	○	○	○
Für mich ist es wichtig, jederzeit an mein angelegtes Geld zu gelangen	○	○	○	○	○	○	○
Bei Wertschwankungen meiner Geldanlagen werde ich unruhig	○	○	○	○	○	○	○
Bei Wertschwankungen meiner Geldanlagen bleibe ich entspannt	○	○	○	○	○	○	○
Es ist mir wichtig, dass der Wert meiner Geldanlage nicht unter den Betrag fallen kann, den ich eingesetzt habe	○	○	○	○	○	○	○
Der Handel an den Finanzmärkten ist mir zu kompliziert	○	○	○	○	○	○	○

Mir fehlt das Wissen, wie man an den Finanzmärkten investiert	○ ○ ○ ○ ○ ○	○
Ich mag den Nervenkitzel, wenn ich finanzielle Risiken eingehe	○ ○ ○ ○ ○ ○	○
Wenn ich bei einer Geldanlage Geld verliere, fühle ich mich unwohl	○ ○ ○ ○ ○ ○	○

Seite 18
Risk1

17. Bei der folgenden Frage geht es um Ihre persönliche Einschätzung. Wie schätzen Sie Ihre Risikobereitschaft bei Geldanlagen ein? [R101]

Bitte markieren Sie einen Wert auf der Skala, wobei der Wert „0" für „gar nicht risikobereit" und der Wert 10 für „sehr risikobereit" steht.

○ ○ ○ ○ ○ ○ ○ ○ ○ ○ ○
0 1 2 3 4 5 6 7 8 9 10

Gar nicht risikobereit   Sehr risikobereit

Seite 19
Risk2

18. Wenn Sie mit einer riskanten Anlageform die Chance haben, überdurchschnittliche Renditen zu erzielen, welchen Anteil Ihres gesamten Vermögens sind Sie bereit zu riskieren? [R102]

[Bitte auswählen] ▼

Seite 20
Risk3

19. Wie viel Prozent Ihres Vermögens sollen mindestens risikofrei angelegt sein, damit Sie sich wohlfühlen? [R103]

[Bitte auswählen] ▼

Seite 21
Risk4

20. Riskante Geldanlagen unterliegen oft Marktschwankungen. Wie stark darf der Wert Ihrer Kapitalanlage schwanken, damit Sie sich weiterhin mit Ihrer Anlage-/Investmententscheidung wohlfühlen? [R104]

[Bitte auswählen] ▼

Seite 22
Allg8

21. Wie viele Jahre Erfahrung haben Sie im Handel an den Finanzmärkten? [AA01]

- ○ Keine Erfahrung
- ○ weniger als 1 Jahr
- ○ 1 Jahr
- ○ 2 Jahre
- ○ 3 Jahre
- ○ 4 Jahre
- ○ mehr als 5 Jahre

○ Weiß nicht

Seite 23
Allg9

22. Wie hoch ist Ihr monatliches Bruttoeinkommen? (Vor Abzug von Steuern, Sozialabgaben usw.) [AA02]

- ○ 1.000€ - 2.000€
- ○ 2.000€ - 3.000€
- ○ 4.000€ - 5.000€
- ○ 6.000€ - 7.000€
- ○ 8.000€ - 9.000€
- ○ 9.000€ - 10.000€
- ○ Mehr als 10.000€

○ Keine Angabe

Literaturverzeichnis

apotheke-adhoc.de (2020): Curevac. Ergebnisse noch im Sommer. Online verfügbar unter https://www.apotheke-adhoc.de/nachrichten/detail/pharmazie/ergebnisse-der-tuebinger-impfstoff-studie-noch-im-sommer-erwartet-curevac-impfstoff/, zuletzt aktualisiert am 25.06.2020, zuletzt geprüft am 25.06.2020.

Avoxa – Mediengruppe Deutscher Apotheker GmbH (2020): Ansteckung über die Luft. SARS-CoV-2-Infektionen über Aerosole immer wahrscheinlicher. Online verfügbar unter https://www.pharmazeutische-zeitung.de/sars-cov-2-infektionen-ueber-aerosole-immer-wahrscheinlicher/seite/2/, zuletzt aktualisiert am 12.07.2020.000Z, zuletzt geprüft am 12.07.2020.

Barkow Consulting (2020): Corona-Pandemie treibt im März schätzungsweise zusätzliche 6 Mrd. Euro Bargeld in die deutschen Portemonnaies. Hg. v. ING Deutschland. Online verfügbar unter https://www.ing.de/ueber-uns/presse/pressemitteilungen/corona-pandemie-treibt-im-marz-schatzungsweise-zusatzliche-6-mrd.-euro-bargeld-in-die-deutschen-portemonnaies/, zuletzt aktualisiert am 29.06.2020.000Z, zuletzt geprüft am 29.06.2020.

Bauert, Ann-Katrin (2014): Die Finanzkrise seit 2008 im Kontext ausgewählter Marktteilnehmer. Konsequenzen und Auswirkungen auf Banken und Privatanleger. Hamburg: Diplomica-Verl. Online verfügbar unter http://www.diplomica-verlag.de/.

Bäurle, Anne (2020): Zweiter COVID-19-Impfstoffkandidat in klinischer Prüfung. Hg. v. Deutsche Ärztezeitung. Online verfügbar unter https://www.aerztezeitung.de/Nachrichten/Zweiter-COVID-19-Impfstoffkandidat-in-klinischer-Pruefung-410403.html, zuletzt aktualisiert am 25.06.2020.000Z, zuletzt geprüft am 25.06.2020.

BME Verband (2019): Einkaufsmanager-Index. Hg. v. Bundesverband Materialwirtschaft, Einkauf und Logistik e.V. (BME). Online verfügbar unter https://www.bme.de/services/einkaufsmanager-index/, zuletzt aktualisiert am 11.11.2019+01:00, zuletzt geprüft am 03.05.2020.

BME Verband (2020): EMI. Industrie trotz globaler Risiken weiter auf Wachstumskurs. Hg. v. Bundesverband Materialwirtschaft, Einkauf und Logistik e.V. (BME). Online verfügbar unter https://www.bme.de/emi-industrie-trotz-globaler-risiken-weiter-auf-wachstumskurs-2652/, zuletzt aktualisiert am 03.05.2020, zuletzt geprüft am 03.05.2020.

Bogazliyan, Selin; Rehbock, Larissa (2020): Corona. Hauptversammlung 2020 werden abgesagt und verschoben. Online verfügbar unter https://www.wiwo.de/finanzen/boerse/coronavirus-hauptversammlungen-2020-werden-abgesagt-und-verschoben/25656834.html, zuletzt aktualisiert am 25.06.2020, zuletzt geprüft am 25.06.2020.

Brosius, Felix (2013): SPSS 21. [fundierte Einführung in SPSS und in die Statistik ; alle statistischen Verfahren mit praxisnahen Beispielen ; inklusive CD-ROM]. 1. Aufl. Heidelberg, Hamburg: Mitp Verl.-Gruppe Hüthig Jehle Rehm.

Bundesagentur für Arbeit (2020): Berichte: Blickpunkt Arbeitsmarkt– Monatsbericht zum Arbeits- und Ausbildungsmarkt, Nürnberg, April 2020. Hg. v. Bundesagentur für Arbeit. Online verfügbar unter https://statistik.arbeitsagentur.de/Statistikdaten/Detail/202004/arbeitsmarktberichte/monatsbericht-monatsbericht/monatsbericht-d-0-202004-pdf.pdf, zuletzt aktualisiert am 04/2020, zuletzt geprüft am 04.05.2020.

Bundesfinanzministerium (2020): Bundesfinanzministerium - Kampf gegen Corona. Größtes Hilfspaket in der Geschichte Deutschlands. Online verfügbar unter https://www.bundesfinanzministerium.de/Content/DE/Standardartikel/Themen/Schlaglichter/Corona-Schutzschild/2020-03-13-Milliarden-Schutzschild-fuer-Deutschland.html, zuletzt aktualisiert am 29.06.2020.000Z, zuletzt geprüft am 29.06.2020.

Bundesregierung (2020a): Aktuelle Fallzahlen zum Coronavirus. Hg. v. Bundesregierung. Online verfügbar unter https://www.bundesregierung.de/breg-de/themen/coronavirus/fallzahlen-coronavirus-1738210, zuletzt aktualisiert am 25.06.2020, zuletzt geprüft am 25.06.2020.

Bundesregierung (2020b): Ein ausgewogener Beschluss. Hg. v. Bundesregierung. Online verfügbar unter https://www.bundesregierung.de/breg-de/aktuelles/merkel-bund-laender-gespraeche-1751020, zuletzt aktualisiert am 25.06.2020, zuletzt geprüft am 25.06.2020.

Bundesregierung (2020c): Regelungen und Einschränkungen im Zusammenhang mit Covid-19. Hg. v. Bundesregierung. Online verfügbar unter https://www.bundesregierung.de/breg-de/themen/coronavirus/corona-massnahmen-1734724, zuletzt aktualisiert am 25.06.2020, zuletzt geprüft am 25.06.2020.

Bundesregierung (2020d): Soforthilfen für Selbstständige und kleine Unternehmen. Hg. v. Bundesregierung. Online verfügbar unter https://www.bundesregierung.de/breg-de/aktuelles/corona-soforthilfen-1737444, zuletzt aktualisiert am 03.05.2020, zuletzt geprüft am 03.05.2020.

Bundeszentrale für politische Bildung (2012): Größere Finanzkrisen seit 1970 | bpb. Bundeszentrale für politische Bildung. Online verfügbar unter https://www.bpb.de/nachschlagen/zahlen-und-fakten/globalisierung/52625/finanzkrisen-seit-1970, zuletzt aktualisiert am 15.11.2017.000Z, zuletzt geprüft am 17.05.2020.

BVMW (2020): Umfrage zur Corona-Krise. Hg. v. Bundesverband mittelständische Wirtschaft, Unvernehmerverband Deutschland e.V. Online verfügbar unter https://www.bvmw.de/fileadmin/suborganization/Krefeld-

Viersen/Dateien/Umfrage_Corona.pdf, zuletzt aktualisiert am 16.04.2020, zuletzt geprüft am 03.05.2020.

BZgA (2020): Ansteckung und Krankheitsverlauf. Hg. v. Bundeszentrale für gesundheitliche Aufklärung. Online verfügbar unter https://www.infektionsschutz.de/coronavirus/fragen-und-antworten/ansteckung-und-krankheitsverlauf.html, zuletzt aktualisiert am 29.04.2020, zuletzt geprüft am 29.04.2020.

CORDIS (2020): Wissenschaft im Trend. Warum ist das „Abflachen der Kurve" im weltweiten Kampf gegen das Coronavirus zum Mantra der öffentlichen Gesundheit geworden? | News | CORDIS | European Commission. Publication Office/CORDIS. Online verfügbar unter https://cordis.europa.eu/article/id/415751-flatten-curve/de, zuletzt aktualisiert am 29.04.2020.000Z, zuletzt geprüft am 29.04.2020.

Cunningham, Lawrence A.; Buffett, Warren E. (2013): The Essays of Warren Buffett: Lessons for Corporate America: Carolina Academic Press.

Deutsche Apothekerzeitung (2020): WHO hat Hoffnung auf Corona-Impfstoffe noch in diesem Jahr. DAZ.online. Online verfügbar unter https://www.deutsche-apotheker-zeitung.de/news/artikel/2020/06/19/who-hat-hoffnung-auf-corona-impfstoffe-noch-in-diesem-jahr, zuletzt aktualisiert am 24.06.2020+02:00, zuletzt geprüft am 26.06.2020.

Deutsche Bundesbank (2020): EZB-Zinssätze. Hg. v. Deutsche Bundesbank. Online verfügbar unter https://www.bundesbank.de/resource/blob/607806/748a00c321df c60023876956b192767d/mL/s510ttezbzins-data.pdf, zuletzt aktualisiert am 06/2020, zuletzt geprüft am 17.06.2020.

Deutsche Welle (2020): Corona-Crash. Wie tief geht es an der Börse noch? | DW | 17.03.2020. Hg. v. Deutsche Welle (www.dw.com). Deutsche Welle (www.dw.com). Online verfügbar unter https://www.dw.com/de/corona-crash-wie-tief-geht-es-an-der-b%C3%B6rse-noch/a-52805957, zuletzt aktualisiert am 27.04.2020, zuletzt geprüft am 27.04.2020.

Deutsches Aktieninstitut e.V. (2019): Altersvorsorge mit Aktien zukunftsfest machen. Was Deutschland von anderen Ländern lernen kann. Hg. v. Deutsches Aktieninstitut e.V. Online verfügbar unter chrome-extension://oemmndcbldboiebfnladdacbdfmadadm/https://www.dai.de/files/dai_usercontent/dokumente/studien/190730_Studie_Altersvorsorge.pdf, zuletzt aktualisiert am 06/2019, zuletzt geprüft am 17.06.2020.

Dorsch - Lexikon der Psychologie (2020): Valenz. Hg. v. Markus Antonius Wirtz. Online verfügbar unter https://portal.hogrefe.com/dorsch/valenz/, zuletzt aktualisiert am 2020, zuletzt geprüft am 12.05.2020.

Dr. an der Heiden, Matthias; Dr. Hamouda, Osamah (2020): Schätzung der aktuellen Entwicklung der SARS-CoV-2-Epidemie in Deutschland – Nowcasting. Aktuelle Daten und Informationen zu Infektionskrankheiten und Public Health. Epidemiologisches

Bulletin. Hg. v. Robert-Koch-Institut. Robert-Koch-Institut (17). Online verfügbar unter https://www.rki.de/DE/Content/Infekt/EpidBull/Archiv/2020/Ausgaben/17_20.pdf, zuletzt aktualisiert am 23.04.2020, zuletzt geprüft am 02.05.2020.

Dr. Fey, Gerrit; Di Dio, Donato (2020): Aktionärszahlen des deutschen Aktieninstituts 2019. Frankfurt am Main. Online verfügbar unter https://www.dai.de/files/dai_usercontent/dokumente/Statistiken/Deutsches%20Aktieninstitut_Aktionaerszahlen%202019.pdf, zuletzt geprüft am 24.04.2020.

Dr. Heldt, Cordula - Gabler Wirtschaftslexikon (2018): Standard & Poor's 500 Index • Definition | Gabler Wirtschaftslexikon. Hg. v. Gabler Wirtschaftslexikon. Online verfügbar unter https://wirtschaftslexikon.gabler.de/definition/standard-poors-500-index-43212, zuletzt aktualisiert am 19.02.2018, zuletzt geprüft am 17.05.2020.

Dr. Jung, Sven; Dr. Kleibrink, Jan; Prof. Dr. Dr. h. c. Rürup, Bert (2020): HDE Konsumbarometer. Hg. v. Handelsblatt Research Institute. Handelsverband Deutschland - HDE e.V. Online verfügbar unter https://einzelhandel.de/index.php?option=com_attachments&task=download&id=10421, zuletzt aktualisiert am 05/2020, zuletzt geprüft am 05.05.2020.

Dr. Röstel, Daniela; Hoi, Michael (2020): Sparen in der Niedrigzinsphase: Ergebnisse einer Verbrauchererhebung. Hg. v. BaFin - Bundesanstalt für Finanzdienstleistungsaufsicht. Online verfügbar unter https://www.bafin.de/SharedDocs/Downloads/DE/Anlage/dl_verbrauchererhebung_sparen_in_niedrigzinsphase.pdf, zuletzt aktualisiert am 29.04.2020, zuletzt geprüft am 07.05.2020.

Dr. Schmucker, Claudia (2020): Corona-Pandemie und die Folgen für die Weltwirtschaft. Gemeinsame Aktion der G7 ist notwendig. Hg. v. Deutsche Gesellschaft für Auswärtige Politik e.V. Deutsche Gesellschaft für Auswärtige Politik e.V. Online verfügbar unter https://dgap.org/sites/default/files/article_pdfs/DGAP_Kommentar_2020_09_Corona%20Pandemie.pdf.

dts Nachrichtenagentur (2020): Nachfrage nach Aktien-Depots in Coronakrise stark gestiegen. Hg. v. finanznachrichten.de. Online verfügbar unter https://www.finanznachrichten.de/nachrichten-2020-06/49927135-nachfrage-nach-aktien-depots-in-coronakrise-stark-gestiegen-003.htm, zuletzt aktualisiert am 29.06.2020.000Z, zuletzt geprüft am 29.06.2020.

DZ Bank (2020): "Corona" trifft Konsum, Löhne und Einkommen der privaten Haushalte schwer. Hg. v. DZ Bank Deutsche Zentral-Genossenschaftsbank. Online verfügbar unter https://bielmeiersblog.dzbank.de/wp-content/uploads/2020/04/Corona-und-Konsum.pdf, zuletzt aktualisiert am 21.04.2020, zuletzt geprüft am 06.05.2020.

Evensen, Daniel (2020): Hilfsprogramme. Und wer soll das bezahlen? Hg. v. fondsmagazin. Online verfügbar unter https://www.fondsmagazin.de/wer-soll-das-bezahlen-corona-hilfsprogramme/150/1448/97899, zuletzt aktualisiert am 28.06.2020, zuletzt geprüft am 28.06.2020.

Finviz Stock Screener (2020): Free Stock Screener. Online verfügbar unter https://finviz.com/screener.ashx, zuletzt aktualisiert am 19.05.2020.000Z, zuletzt geprüft am 19.05.2020.

Glebe, Dirk (Hg.) (2012): Börse verstehen: Die globale Finanzkrise. Alle Informationen zur Wirtschaftskrise 2007-2009, dazu Geschichte und umfassendes Gesamtwissen zu den bisherigen Finanzkrisen dieser Welt. Ursachen, Auswirkungen, Reaktionen. Norderstedt: Books on Demand.

Götte, Rüdiger (2001): Aktien, Anleihen, Futures, Optionen. Das Kompendium. Marburg: Tectum-Verl.

IHS Markit (2020): IHS Markit Flash EMI Deutschland. Ausgangssperren und Restriktionen wegen Corona-Pandemie sorgen für Rekordrückgänge in der deutschen Wirtschaft. Hg. v. IHS Markit. Online verfügbar unter https://www.markiteconomics.com/Public/Home/PressRelease/b87ddc88907a42099fdcee9a7e77fef6, zuletzt aktualisiert am 04/2020, zuletzt geprüft am 03.05.2020.

Infront Financial Technology GmbH (2020): S&P500 Chart.

irs.gov (2020): 401k Plans | Internal Revenue Service. Online verfügbar unter https://www.irs.gov/retirement-plans/401k-plans, zuletzt aktualisiert am 16.06.2020.000Z, zuletzt geprüft am 17.06.2020.

iwd (2020): Corona erschüttert die Reisebranche. Hg. v. Informationsdient des Institus der deutschen Wirtschaft. Online verfügbar unter https://www.iwd.de/artikel/corona-erschuettert-die-reisebranche-471327/, zuletzt aktualisiert am 25.06.2020.000Z, zuletzt geprüft am 25.06.2020.

Kahneman, Daniel; Tversky, Amos (1979): Prospect Theory: An Analysis Of Decision Under Risk. In: *ECONOMETRICA* 1979 (47), S. 263–291.

Krüger, Jens (2012): Kooperation und Wertschöpfung. Mit Beispielen aus der Produktentwicklung und unternehmensübergreifenden Logistik. Berlin Heidelberg: Springer-Verlag.

Maslow, Abraham H. (1954): Motivation and Personality: Harper & Row, Publishers, Inc.

Möllering, Guido (2003): Grundlagen des Vertrauens. Wissenschaftliche Fundierung eines Alltagsproblems. Hg. v. Max-Planck-Gesellschaft zur Förderung der Wissenschaften e.V. Online verfügbar unter https://www.mpg.de/451610/forschungsSchwerpunkt, zuletzt aktualisiert am 18.06.2020.000Z, zuletzt geprüft am 18.06.2020.

Moser, Klaus (2007): Wirtschaftspsychologie. 2. vollständig überarbeitete und aktualisierte Auflage. Berlin Heidelberg: Springer-Verlag.

Müsseler, Jochen; Rieger, Martina (Hg.) (2017): Allgemeine Psychologie. 3. Auflage. Berlin, Heidelberg: Springer. Online verfügbar unter http://dx.doi.org/10.1007/978-3-642-53898-8.

Ndr (2020): Corona-Studie. Nicht alle Erkrankten bilden Antikörper. Online verfügbar unter https://www.ndr.de/nachrichten/schleswig-holstein/coronavirus/Corona-Studie-Nicht-alle-Erkrankten-bilden-Antikoerper,antikoerper120.html, zuletzt aktualisiert am 25.06.2020, zuletzt geprüft am 25.06.2020.

n-tv (2020): China meldet höchsten Anstieg seit April. Online verfügbar unter https://www.n-tv.de/panorama/China-meldet-hoechsten-Anstieg-seit-April-article21844600.html, zuletzt aktualisiert am 17.06.2020.000Z, zuletzt geprüft am 25.06.2020.

OECD (2020): OECD-Wirtschaftsausblick, Juni 2020. Hg. v. OECD. Online verfügbar unter http://www.oecd.org/wirtschaftsausblick/juni-2020/#Country-notes, zuletzt aktualisiert am 15.06.2020.000Z, zuletzt geprüft am 29.06.2020.

Prein, Gerald; Kluge, Susann; Kelle, Udo (1994): Strategien zur Sicherung von Repräsentativität und Stichprobenvalidität bei kleinen Samples. Hg. v. Der Vorstand des Sfb 186. Bremen. Online verfügbar unter http://www.sfb186.uni-bremen.de/download/paper18.pdf, zuletzt geprüft am 01.07.2020.

Presse- und Informationsamt der Bundesregierung (Hg.) (2020): Besprechung der Bundeskanzlerin mit den Regierungschefinnen und Regierungschefs der Länder. Online verfügbar unter https://www.bundesregierung.de/breg-de/themen/coronavirus/besprechung-der-bundeskanzlerin-mit-den-regierungschefinnen-und-regierungschefs-der-laender-1733248, zuletzt aktualisiert am 02.05.2020.000Z, zuletzt geprüft am 02.05.2020.

Prof. Dr. Wagner, Gert; PD Dr. Frick, Joachim; Prof. Dr. Schupp, Jürgen (2011): Infratest Sozialforschung. 2011. SOEP 2004. Erweiterter Pretestbericht zum Befragungsjahr 2004 (Welle 21) des Sozio-oekonomischen Panels – Fragebogen und Verhaltensexperiment. Hg. v. DIW/SOEP. DIW/SOEP. Berlin. Online verfügbar unter http://www.diw.de/soepsurveypapers.

Prof. Dr. Winter, Stephan (2020): Warum Fake News und Verschwörungsmythen derzeit Hochkonjunktur haben — Universität Koblenz · Landau. Hg. v. Universität Koblenz-Landau. Online verfügbar unter https://www.uni-koblenz-landau.de/de/coronavirus/beitraege/fake-news, zuletzt aktualisiert am 25.06.2020, zuletzt geprüft am 25.06.2020.

Rank, Birgit (1997): Erwartungs-Wert-Theorien. Ein Theoriekonzept der Wirtschaftspsychologie und seine Anwendung auf eine berufsbiographische Entscheidung. Zugl.: Eichstätt, Kath. Univ., Diss., 1997. Kiel, Hamburg, München: ZBW; Hampp. Online verfügbar unter http://hdl.handle.net/10419/116846.

Reuse, Svend (2011): Korrelationen in Extremsituationen. Eine empirische Analyse des deutschen Finanzmarktes mit Fokus auf irrationales Marktverhalten. Zugl.:Univ., Brünn, Diss., 2010. 1. Aufl. Wiesbaden: Gabler Verlag / Springer Fachmedien Wiesbaden GmbH Wiesbaden. Online verfügbar unter http://dx.doi.org/10.1007/978-3-8349-6186-0.

Robert-Koch-Institut (2020a): Ergänzung zum Nationalen Pandemieplan – COVID-19 – neuartige Coronaviruserkrankung. Hg. v. Robert-Koch-Institut. Robert-Koch-Institut. Online verfügbar unter https://www.rki.de/DE/Content/InfAZ/N/Neuartiges_Coronavirus/ Ergaenzung_Pandemieplan_Covid.pdf, zuletzt aktualisiert am 04.03.2020, zuletzt geprüft am 28.04.2020.

Robert-Koch-Institut (2020b): RKI - Coronavirus SARS-CoV-2 - SARS-CoV-2 Steckbrief zur Coronavirus-Krankheit-2019 (COVID-19). Hg. v. Robert-Koch-Institut. Online verfügbar unter https://www.rki.de/DE/Content/InfAZ/N/Neuartiges_Coronavirus/ Steckbrief.html#doc13776792bodyText8, zuletzt aktualisiert am 29.04.2020.000Z, zuletzt geprüft am 29.04.2020.

Robert-Koch-Institut (Hg.) (2020.000Z): RKI - Coronavirus SARS-CoV-2 - SARS-CoV-2 Steckbrief zur Coronavirus-Krankheit-2019 (COVID-19). Robert-Koch-Institut. Online verfügbar unter https://www.rki.de/DE/Content/InfAZ/N/Neuartiges_Coronavirus/ Steckbrief.html;jsessionid=27DBB80DC8AFBE029E660186FD23 333E.internet082#doc13776792bodyText8, zuletzt aktualisiert am 29.04.2020.000Z, zuletzt geprüft am 29.04.2020.

Robert-Koch-Institut (2020c): RKI - Coronavirus SARS-CoV-2 - COVID-19. Fallzahlen in Deutschland und weltweit. Hg. v. Robert-Koch-Institut. Online verfügbar unter https://www.rki.de/DE/Content/InfAZ/N/Neuartiges_Coronavirus/Fallzahlen.html, zuletzt aktualisiert am 24.06.2020, zuletzt geprüft am 24.06.2020.

Robert-Koch-Institut (2020d): RKI - Coronavirus SARS-CoV-2 - Antworten auf häufig gestellte Fragen zum Coronavirus SARS-CoV-2 / Krankheit COVID-19. Hg. v. Robert-Koch-Institut. Online verfügbar unter https://www.rki.de/SharedDocs/FAQ/NCOV2019/gesamt.html, zuletzt aktualisiert am 25.06.2020, zuletzt geprüft am 25.06.2020.

Statista (2020a): Sparquote der privaten Haushalte in Deutschland von 1991 bis 2019. Volkswirtschaftliche Gesamtrechnungen, Inlandsproduktberechnung, Vierteljahresergebnisse, 4. Vierteljahr 2019. Hg. v. Statistisches Bundesamt. Online verfügbar unter https://de-statista-com.pxz.iubh.de:8443/statistik/daten/studie/2699/umfrage/entwicklung-der-sparquote-privater-haushalte-seit-1991/, zuletzt aktualisiert am 02/2020, zuletzt geprüft am 17.06.2020.

Statista (2020b): Was sind Ihre Hauptsorgen oder Bedenken bezüglich der COVID-19/Corona-Pandemie? Hg. v. Statista. Online verfügbar unter https://de-statista-com.pxz.iubh.de:8443/statistik/daten/studie/1108157/umfrage/hauptsorgen-und-aengste-wegen-der-covid-19-corona-pandemie/, zuletzt aktualisiert am 03.05.2020, zuletzt geprüft am 05.05.2020.

Statistisches Bundesamt (2020): Verdienste 2019. Durchschnittlich 3.994 Euro brutto im Monat. Hg. v. Statistisches Bundesamt. Online verfügbar unter https://www.destatis.de/DE/Themen/Arbeit/Verdienste/Verdienste-Verdienstunterschiede/verdienste-branchen.html, zuletzt aktualisiert am 26.03.2020+0100, zuletzt geprüft am 21.06.2020.

Stephan, Andreas; Barasinska, Nataliya; Schäfer, Dorothea (2008): Hohe Risikoaversion privater Haushalte bei Geldanlagen. In: *Wochenbericht - Deutsches Institut für Wirtschaftsforschung* 75 (45/2008), S. 704–710. Online verfügbar unter http://www.diva-portal.org/smash/record.jsf?pid=diva2%3A114195&dswid=4555, zuletzt geprüft am 27.04.2020.

Tagesschau (2020): Corona. Experten befürchten Insolvenzwelle ab Herbst. Tagesschau.de. Online verfügbar unter https://www.tagesschau.de/wirtschaft/corona-insolvenzen-103.html, zuletzt aktualisiert am 25.06.2020, zuletzt geprüft am 25.06.2020.

Tagesschau.de (2020a): Bund plant 218,5 Milliarden neue Schulden. Tagesschau.de. Online verfügbar unter https://www.tagesschau.de/inland/nachtragshaushalt-coronavirus-101.html, zuletzt aktualisiert am 29.06.2020.000Z, zuletzt geprüft am 29.06.2020.

Tagesschau.de (2020b): Coronavirus. Kursverfall auch an der Wall Street. Tagesschau.de. Online verfügbar unter https://www.tagesschau.de/wirtschaft/corona-wirtschaft-wallstreet-101.html, zuletzt aktualisiert am 18.05.2020.000Z, zuletzt geprüft am 18.05.2020.

Tagesschau.de (2020c): Coronavirus-Angst. Börsen brechen ein. Tagesschau.de. Online verfügbar unter https://www.tagesschau.de/wirtschaft/boerse/dax-175.html, zuletzt aktualisiert am 18.05.2020.000Z, zuletzt geprüft am 18.05.2020.

Tagesschau.de (2020d): Debatte um Corona-Maßnahmen. Wirtschaft versus Gesundheit. Hg. v. Norddeutscher Rundfunk. Tagesschau.de. Online verfügbar unter https://www.tagesschau.de/inland/diskussion-massnahmen-corona-101.html, zuletzt aktualisiert am 02.05.2020.000Z, zuletzt geprüft am 02.05.2020.

Tagesschau.de (2020e): Proteste gegen Corona-Regeln. Weniger Teilnehmer als erwartet. Tagesschau.de. Online verfügbar unter https://www.tagesschau.de/inland/corona-proteste-109.html, zuletzt aktualisiert am 25.06.2020.000Z, zuletzt geprüft am 25.06.2020.

Tagesschau.de (2020f): Weltwirtschaft in der Corona-Krise. IWF rechnet mit noch stärkerer Rezession. Tagesschau.de. Online verfügbar unter https://www.tagesschau.de/wirtschaft/iwf-prognose-corona-101.html, zuletzt aktualisiert am 29.06.2020, zuletzt geprüft am 29.06.2020.

Thielsch, Meinald; Weltzin, Simone (2012): Online-Umfragen und Online-Mitarbeiterbefragungen. Online verfügbar unter http://www.thielsch.org/download/wirtschaftspsychologie/Thielsch_2012.pdf, zuletzt geprüft am 01.06.2020.

Tversky, Amos; Kahnemann, Daniel (1992): Advances in Prospect Theory: Cumulativ Representation of Uncertainty. In: *Journal of Risk and Uncertainty* 1992 (5), S. 297–323.

Valetkevitch, Caroline (2013): Key dates and milestones in the S&P 500's history - Reuters. Hg. v. reuters.com. Online verfügbar unter https://www.reuters.com/article/us-usa-stocks-sp-timeline-idUSBRE9450WL20130506, zuletzt aktualisiert am 06.05.2020, zuletzt geprüft am 17.05.2020.

Weichbold, Martin; Bacher, Johann; Wolf, Christof (2009): Umfrageforschung. Herausforderungen und Grenzen. Wiesbaden: VS Verlag für Sozialwissenschaften / GWV Fachverlage GmbH Wiesbaden (Österreichische Zeitschrift für Soziologie Sonderheft 9/2009). Online verfügbar unter http://dx.doi.org/10.1007/978-3-531-91852-5.

WHO (2020a): Corona disease 2019 (COVID-19) Situation Report - 99. Hg. v. World Health Organization. Online verfügbar unter https://www.who.int/docs/default-source/coronaviruse/situation-reports/20200428-sitrep-99-covid-19.pdf, zuletzt aktualisiert am 28.04.2020, zuletzt geprüft am 29.04.2020.

WHO (2020b): Q&A on coronaviruses (COVID-19). Hg. v. World Health Organization. Online verfügbar unter https://www.who.int/news-room/q-a-detail/q-a-coronaviruses, zuletzt aktualisiert am 28.04.2020, zuletzt geprüft am 29.04.2020.

Wierichs, Günter (2010): Gabler Kompakt-Lexikon Bank und Börse. Wiesbaden: Springer Fachmedien. Online verfügbar unter http://gbv.eblib.com/patron/FullRecord.aspx?p=752217.

Wunderer, Rolf; Dick, Petra (2003): Führung und Zusammenarbeit. Eine unternehmerische Führungslehre. 5., überarb. Aufl. München: Luchterhand.

Yahoo! Finance (2020): S&P500 (^GSPC). Hg. v. Yahoo! Finance. Online verfügbar unter https://de.finance.yahoo.com/, zuletzt aktualisiert am 15.05.2020, zuletzt geprüft am 17.05.2020.

www.ingramcontent.com/pod-product-compliance
Lightning Source LLC
Chambersburg PA
CBHW070627220526
45466CB00001B/114